U0215385

承德市重点保护野生植物图谱

耿金川　李瑞丽◎主编

中国林业出版社
China Forestry Publishing House

图书在版编目（CIP）数据

承德市重点保护野生植物图谱 / 耿金川, 李瑞丽主
编. —— 北京：中国林业出版社, 2024.12
　　ISBN 978-7-5219-2965-2

　　Ⅰ. Q948.522.23-64

中国国家版本馆CIP数据核字第2024QJ4341号

责任编辑：张华
装帧设计：北京八度出版服务机构
————————————————

出版发行：中国林业出版社
　　　　（100009，北京市西城区刘海胡同 7 号，电话 010-83143566 ）
电子邮箱：43634711@qq.com
网址：https://www.cfph.net
印刷：河北京平诚乾印刷有限公司
版次：2024 年 12 月第 1 版
印次：2024 年 12 月第 1 版
开本：787mm×1092mm　1/16
印张：15.5
字数：235 千字
定价：298.00 元

《承德市重点保护野生植物图谱》

编 委 会

主　　编：耿金川　李瑞丽

副 主 编：孙克南　徐振方　王占杰　宋海燕

图文编辑：刘　丹　司丽萍　杨　茜　霍炳南　关林涛　乔新兴

野外调查及参编人员：（按姓氏笔画排序）

丁玉洁	于志海	马嘉明	王　妍	王　烨	王占杰
王志军	王金凤	王春刚	王晓峰	王继明	王雪亮
尹继生	田　宇	邓会新	叶　丹	叶宝军	丛金山
卢晓峰	朱小薇	朱环娟	任贺超	刘　丹	刘　冰
刘　泽	刘立国	刘环宇	刘金柱	刘洛余	关林涛
许洪斌	那伊丽	孙力男	孙志军	孙克南	贡　威
芦子廷	李　彬	李　厦	李小慧	李文清	李宇航
李金成	李保柱	李晓飞	李程安	李瑞丽	杨　茜
杨　威	杨君林	杨彦群	杨晓菊	杨潭颖	杨鑫钰
辛　雪	汪　宝	宋　平	宋海燕	张　健	张林红
张春林	张荣静	张淑云	张新胜	张翼颖	周天森
陈盈鑫	陈毓敏	邵佳洋	季峥辉	郑　伟	项必达
赵小宇	胡宝君	袁国增	耿　睿	耿金川	徐振方
高兴九	郭永亮	黄　妍	崔立明	崔华倩	崔淑军
康　静	隋丽斌	董小刚	蒋耀华	蒲　宁	雒雅静
霍炳南					

指导老师：董建新　李国权　郭万军

前言

　　野生植物是大自然赋予人类的宝贵资源，是自然生态系统的重要组成部分，是人类生存和社会发展的重要物质基础，是国家重要的战略资源，具有生态性、多样性、遗传性和可再生性等特点，对维护生态平衡、促进人与自然和谐共生、发展经济具有重要作用。《中华人民共和国野生植物保护条例》所保护的野生植物是指原生地天然生长的珍贵植物和原生地天然生长并具有重要经济、科学研究、文化价值的濒危、稀有植物，分为国家重点保护野生植物和地方重点保护野生植物。国家重点保护野生植物分为国家一级保护野生植物和国家二级保护野生植物，国家保护野生植物及其生长环境，禁止任何单位和个人非法采集野生植物或者破坏其生长环境。地方重点保护野生植物，是指除国家重点保护野生植物以外，由省（自治区、直辖市）保护的野生植物。

　　承德市位于河北省东北部，地处燕山山脉腹地，拥有丰富的自然资源和独特的生态环境，是众多野生植物的重要栖息地。河北承德林业和草原调查规划设计院在开展2023年中央财政林业草原生态保护恢复资金野生动植物保护项目"承德市国家重点保护野生植物调查项目"过程中，拍摄了大量国家级、省级重点保护野生植物照片，并对其进行鉴定、编辑、整理，形成《承德市重点保护野生植物图谱》。本图谱包含承德市国家级重点保护野生植物、承德市省级重点保护野生植物两部分内容，图片全部由项目组成员用高清照相机在野外拍摄，为拍摄植物不同时期的特征图片，前后耗时近两年，共收集国家级重点保护野生植物13科15属17种，省级重点保护野生植物50科84属99种；植物特征描述主要参考《中国植物志》《河北植物志》。本图谱中科属的排列：蕨类植物按照《中国生物物种名录》（2022年）植物类蕨类分册排序原则进行排列；裸子植物按照Christenhusz等（2011年）系统排列；被子植物按照被子植物系统发育研究组（Angiosperm Phylogeny Group, APG）第四版（APGIV）排列；同属的按中文名拼音顺序排列。图谱内容简洁、重点突出，图片清晰、生动、全面，方便读者阅读。

《承德市重点保护野生植物图谱》全面真实地反映了承德市现有的国家级和省级重点保护野生植物，是一部重要的科普工具书，不仅为方便广大人民群众更直观地了解承德地区重点保护野生植物相关知识提供借鉴和帮助，提高其保护意识，使他们形成保护自觉性，更为相关部门制定政策、举措保护国家级、省级野生植物资源，推进生态文明建设提供重要依据。

编写人员在进行重点保护野生植物调查及图片采集过程中得到了承德市各县(市、区)林业和草原主管部门、河北省塞罕坝机械林场、河北省木兰围场国有林场、河北雾灵山国家级自然保护区管理中心、御道口牧场管理区、滦平国有林场总场、千松坝林场、隆化国有林场管理处、丰宁国有林场管理处、狮子沟国有林场及承德市内各自然保护地等有关部门和单位的大力支持与协助；植物鉴定主要由河北民族师范学院教授董建新、丰宁县实验中学园艺教师李国权和河北省木兰围场国有林场植物专家郭万军指导，在此一并表示感谢。

由于编者能力水平有限，难免会有疏漏之处，敬请读者谅解并指正。

编者

2024年10月

目录

一

承德市国家级重点保护野生植物

银杏

学名：*Ginkgo biloba* L.

俗名：鸭掌树、鸭脚子、公孙树、白果

科属：银杏科银杏属

保护等级：国家一级保护

濒危等级：极危（CR）

生活型：乔木

株：高达40m，胸径可达4m。

茎：树皮灰褐色，纵裂。

枝：大枝斜展，一年生长枝淡褐黄色，二年生枝变为灰色；短枝黑灰色。

叶：扇形，上部宽5～8cm，上缘有浅或深的波状缺刻，有时中部缺裂较深，基部楔形，有长柄；在短枝上3～8枚叶簇生。

花：雄球花4～6朵生于短枝顶端叶腋或苞腋，长圆形，下垂，淡黄色；雌球花数朵生于短枝叶丛中，淡绿色。

种子：椭圆形、倒卵圆形或近球形，长2～3.5cm，成熟时黄或橙黄色，被白粉，外种皮肉质有臭味，中种皮骨质，白色，有2（～3）纵脊，内种皮膜质，黄褐色；胚乳肉质，胚绿色。

物候期：花期3～4月，种子9～10月成熟。

生境：生于海拔500～1000m酸性（pH值5～5.5）黄壤土、排水良好地带的天然林中。

红松

学名：*Pinus koraiensis* Siebold & Zucc.

俗名：朝鲜松、红果松、韩松、果松、海松

科属：松科松属

保护等级：国家二级保护

濒危等级：易危（VU）

生活型：乔木

株：高可达50m，胸径可达1m。

茎：幼树树皮灰褐色，近平滑，大树树皮灰褐或灰色，纵裂成不规则长方形的鳞状块片脱落，内皮红褐色。

枝：一年生枝密被黄褐或红褐色茸毛；冬芽淡红褐色，长圆状卵圆形，微被树脂。

叶：5针一束，长6～12cm，粗硬，边缘有细锯齿，树脂道3，中生，叶鞘脱落。

果：球果圆锥状卵形、圆锥状长卵形或卵状长圆形，长9～14cm，径6～8cm，熟时种鳞不张开或微张开；种鳞菱形，上部渐窄，先端钝，向外反曲，鳞盾黄褐色或微带灰绿色，有皱纹，鳞脐不显著。

种子：种子倒卵状三角形，长1.2～1.6cm，微扁，暗紫褐或褐色，无翅。

物候期：花期6月，球果翌年9～10月成熟。

生境：生于海拔150～1800m的气候温寒、湿润、棕色森林土地带。

轮叶贝母

学名：*Fritillaria maximowiczii* Freyn

俗名：一轮贝母

科属：百合科贝母属

保护等级：国家二级保护

濒危等级：濒危（EN）

生活型：草本

株：高27～54cm。

茎：鳞茎由4～5枚或更多鳞片组成，周围又有许多米粒状小鳞片，直径1～2cm，后者很容易脱落。

叶：条状或条状披针形，长4.5～10cm，宽3～13mm，先端不卷曲，通常每3～6枚排成一轮，极少为二轮，向上有时还有1～2枚散生叶。

花：单朵，少有2朵，紫色，稍有黄色小方格；叶状苞片1枚，先端不卷；花被片长3.5～4cm，宽4～14mm；雄蕊长约为花被片的3/5；花药近基着，花丝无小乳突；柱头裂片长6～6.5mm。

果：蒴果长1.6～2.2cm，宽约2cm，棱上的翅宽约4mm。

物候期：花期6月。

生境：生于海拔1400～1480m的山坡上。

大花杓兰

学名：*Cypripedium macranthos* Sw.

俗名：狗匏子

科属：兰科杓兰属

保护等级：国家二级保护

濒危等级：濒危（EN）

生活型：草本

株：高可达50cm。

茎：直立，稍被短柔毛或无毛。

叶：3～4枚，椭圆形或椭圆状卵形，长10～15cm，两面脉上略被短柔毛或无毛。

花：花序顶生，具1花，极稀2花，花序梗被短柔毛或无毛；花梗和子房无毛；花紫、红或粉红色，常有暗色脉纹，极稀白色；中萼片宽卵状椭圆形或卵状椭圆形，长4～5cm，无毛，合萼片卵形，长3～4cm，先端2浅裂；花瓣披针形，长4.5～6cm，脉纹不明显，唇瓣深囊状，长4.5～5.5cm，囊口径约1.5cm；退化雄蕊卵状长圆形，长1～1.4cm，无花丝，背面无龙骨状突起。

果：蒴果窄椭圆形，长约4cm，无毛。

物候期：花期6～7月，果期8～9月。

生境：生于海拔400～2400m的林下、林缘或草坡上腐殖质丰富和排水良好之地。

山西杓兰

学名：*Cypripedium shanxiense* S. C. Chen

科属：兰科杓兰属

保护等级：国家二级保护

濒危等级：易危（VU）

生活型：草本

株：高可达55cm。

茎：直立，被短柔毛和腺毛。

叶：3～4枚，椭圆形或卵状披针形，长7～15cm，两面脉上和背面基部有时有毛。

花：花序顶生，常具2花，花序梗与花序轴被短柔毛和腺毛；苞片两面脉上被疏柔毛；花梗和子房密被腺毛和短柔毛；花褐或紫褐色，具深色脉纹，唇瓣常有深色斑点；退化雄蕊白色，有少数紫褐色斑点；中萼片披针形或卵状披针形，长2.5～3.5cm，背面常有毛，合萼片与中萼片相似，先端2深裂；花瓣窄披针形或线形，长2.7～3.5cm，宽4～5mm，不扭转或稍扭转，唇瓣深囊状，长1.6～2cm，囊底有毛；退化雄蕊长圆状椭圆形，长7～9mm，花丝短。

果：蒴果近梭形或窄椭圆形，长3～4cm，疏被腺毛或无毛。

物候期：花期5～7月，果期7～8月。

生境：生于海拔1000～2500m林下或草坡上。

紫点杓兰

学名：*Cypripedium guttatum* Sw.

俗名：斑花杓兰

科属：兰科杓兰属

保护等级：国家二级保护

濒危等级：濒危（EN）

生活型：草本

株：高可达25cm。

茎：根状茎细长，横走；茎直立，被短柔毛和腺毛，顶端具叶。

叶：2枚，极稀3枚，常对生或近对生，生于植株中部或中部以上，椭圆形或卵状披针形，长5～12cm，具平行脉，干后常黑或淡黑色。

花：花序顶生，1花，花序梗密被短柔毛和腺毛；花梗和子房被腺毛；花白色，具淡紫红或淡褐红色斑；中萼片卵状椭圆形，长1.5～2.2cm，背面基部常疏被微柔毛，合萼片窄椭圆形，长1.2～1.8cm，先端2浅裂；花瓣常近匙形或提琴形，长1.3～1.8cm，先端近圆，唇瓣深囊状，钵形或深碗状，长与宽均约1.5cm，囊口宽；退化雄蕊卵状椭圆形，长4～5mm，先端微凹或近平截，上面有纵脊，背面龙骨状突起。

果：蒴果近窄椭圆形，下垂，长约2.5cm，被微柔毛。

物候期：花期5～7月，果期8～9月。

生境：生于海拔500～4000m的林下、灌丛中或草地上。

手参

学名：*Gymnadenia conopsea* (L.) R. Br.

科属：兰科手参属

保护等级：国家二级保护

濒危等级：濒危（EN）

生活型：草本

株：高可达60cm。

茎：块茎椭圆形；茎具4～5叶，其上具1至数枚小叶。

叶：线状披针形、窄长圆形或带形，长5.5～15cm，宽1～2（～2.5）cm。

花：花序密生多花，长5.5～15cm；苞片披针形，先端尾状，长于花或等长；花粉红，稀粉白色；中萼片宽椭圆形或宽卵状椭圆形，长3.5～5mm，稍兜状，侧萼片斜卵形，反折，边缘外卷，较中萼片稍长或近等长；花瓣直立，斜卵状三角形，与中萼片等长靠接，与侧萼片近等宽，具细齿；唇瓣前伸，宽倒卵形，长4～5mm，3裂，中裂片三角形；距窄圆筒状，下垂，长约1cm，稍前弯，向末端常略渐窄，长于子房。

物候期：花期6～8月。

生境：生于海拔265～4700m山坡林下、草地或砾石滩草丛中。

莲

学名： *Nelumbo nucifera* Gaertn.

俗名：荷花、菡萏、芙蓉、芙蕖、莲花、碗莲、缸莲

科属：莲科莲属

保护等级：国家二级保护

生活型：多年生水生草本

茎：根茎肥厚，横生地下，节长。

叶：盾状圆形，伸出水面，径25～90cm；叶柄长1～2m，中空，常具刺。

花：单生于花莛顶端，径10～20cm；萼片4～5，早落；花瓣多数，红、粉红或白色，有时变态成雄蕊；雄蕊多数，花丝细长，药隔棒状心皮多数，离生，埋于倒圆锥形花托穴内。

果：坚果椭圆形或卵形，黑褐色，长1.5～2.5cm。

种子：卵形或椭圆形，长1.2～1.7cm，种子红或白色。

物候期：花期6～8月，果期8～10月。

生境：自生或栽培在池塘或水田内。

红景天

学名：*Rhodiola rosea* L.

俗名：东疆红景天

科属：景天科红景天属

保护等级：国家二级保护

生活型：多年生草本

根：粗壮，直立；根颈短，顶端被鳞片。

叶：疏生，长圆形、椭圆状倒披针形或长圆状宽卵形，长0.7~3.5cm，全缘或上部有疏齿，基部稍抱茎。

花：花茎高达30cm；花序伞房状，多花密集，长2cm；雌雄异株；萼片4，披针状线形，长1mm；花瓣4，黄绿色，线状倒披针形或长圆形，长3mm；雄花中雄蕊8，较花瓣长；鳞片4，长圆形，长1~1.5mm，上部稍窄，先端有齿状微缺；雌花心皮4，花柱外弯。

果：蓇葖果披针形或线状披针形，直立，长6~8mm，喙长1mm。

种子：披针形，一侧有窄翅。

物候期：花期4~6月，果期7~9月。

生境：生于海拔1800~2700m的山坡林下或草坡上。

野大豆

学名：*Glycine soja* Siebold & Zucc.

俗名：乌豆、野黄豆、白花宽叶蔓豆、白花野大豆、山黄豆、小落豆

科属：豆科大豆属

保护等级：国家二级保护

生活型：一年生缠绕草本

株：全株疏被褐色长硬毛。

根：草质，侧根密生于主根上部。

茎：纤细，长1～4m。

叶：具3小叶，长达14cm；顶生小叶卵圆形或卵状披针形，长3.5～6cm，先端急尖或钝，基部圆，两面均密被绢质糙伏毛，侧生小叶偏斜。

花：总状花序长约10cm；花小，长约5mm；苞片披针形；花萼钟状，裂片三角状披针形，上方2裂片1/3以下合生；花冠淡紫红或白色，旗瓣近倒卵圆形，基部具短瓣，翼瓣斜半倒卵圆形，短于旗瓣，瓣片基部具耳，瓣柄与瓣片近等长，龙骨瓣斜长圆形，短于翼瓣，密被长柔毛。

果：荚果长圆形，长1.7～2.3cm，宽4～5mm，稍弯，两侧扁，种子间稍缢缩，干后易裂，有种子2～3粒。

种子：椭圆形，稍扁，长2.5～4mm，宽1.8～2.5mm，褐色或黑色。

物候期：花期7～8月，果期8～10月。

生境：生于海拔150～2650m潮湿的田边、园边、沟旁、河岸、湖边、沼泽、草甸、沿海和岛屿向阳的矮灌木丛或芦苇丛中，稀见于沿河岸疏林下。

甘草

学名： *Glycyrrhiza uralensis* Fisch.

俗名：甜根子、甜草、国老、乌拉尔甘草、甘草苗头、甜草苗

科属：豆科甘草属

保护等级：国家二级保护

濒危等级：无危（LC）

生活型：多年生草本

茎：根与根状茎粗壮，外皮褐色，里面淡黄色，含甘草甜素。

叶：羽状复叶长5～20cm，叶柄密被褐色腺点和短柔毛；小叶5～17枚，卵形、长卵形或近圆形，长1.5～5cm，两面均密被黄褐色腺点和短柔毛，基部圆，先端钝，全缘或微呈波状。

花：总状花序腋生；花序梗密被鳞片状腺点和短柔毛；花萼钟状，长0.7～1.4cm，密被黄色腺点和短柔毛，基部一侧膨大，萼齿5，上方2枚大部分连合；花冠紫、白或黄色，长1～2.4cm；子房密被刺毛状腺体。

果：荚果线形，弯曲呈镰刀状或环状，外面有瘤状突起和刺毛状腺体，密集成球状。

种子：3～11粒，圆形或肾形。

物候期：花期6～8月，果期7～10月。

生境：生于向阳干燥山坡、草地、田边、路旁，野生或栽培。

玫瑰

学名：*Rosa rugosa* Thunb.

俗名：滨茄子、滨梨、刺玫
科属：蔷薇科蔷薇属
保护等级：国家二级保护
濒危等级：濒危（EN）
生活型：直立灌木
株：高达2m。
茎：粗壮，丛生；小枝密被茸毛，并有针刺和腺毛，有直立或弯曲、淡黄色的皮刺，皮刺外被茸毛。
叶：小叶5～9枚，连叶柄长5～13cm；小叶片椭圆形或椭圆状倒卵形，长1.5～4.5cm，宽1～2.5cm，先端急尖或圆钝，基部圆形或宽楔形，边缘有尖锐锯齿，上面深绿色，无毛，叶脉下陷，有褶皱，下面灰绿色，中脉突起，网脉明显，密被茸毛和腺毛，有时腺毛不明显；叶柄和叶轴密被茸毛和腺毛；托叶大部贴生于叶柄，离生部分卵形，边缘有带腺锯齿，下面被茸毛。
花：单生于叶腋，或数朵簇生，苞片卵形，边缘有腺毛，外被茸毛；花梗长5～22.5mm，密被茸毛和腺毛；花直径4～5.5cm；萼片卵状披针形，先端尾状渐尖，常有羽状裂片而扩展成叶状，上面有稀疏柔毛，下面密被柔毛和腺毛；花瓣倒卵形，重瓣至半重瓣，芳香，紫红色至白色；花柱离生，被毛，稍伸出萼筒口外，比雄蕊短很多。
果：扁球形，直径2～2.5cm，砖红色，肉质，平滑，萼片宿存。
物候期：花期5～6月，果期8～9月。
生境：生长在潮湿、微酸、排水良好的壤土中。

黄檗

学名：*Phellodendron amurense* Rupr.

俗名：黄柏、关黄柏、元柏、黄伯栗、黄波椤树、黄檗木、檗木、黄菠梨、黄菠栎、黄菠萝

科属：芸香科黄檗属

保护等级：国家二级保护

濒危等级：易危（VU）

生活型：落叶乔木

株：高达20～30m，胸径1m。

枝：扩展，成年树的树皮有厚木栓层，浅灰或灰褐色，深沟状或不规则网状开裂，内皮薄，鲜黄色，味苦，黏质，小枝暗紫红色，无毛。

叶：奇数羽状复叶对生，叶轴及叶柄均细；小叶5～13枚，薄纸质至纸质，卵状披针形或卵形，长6～12cm，先端长渐尖，基部宽楔形或圆，具细钝齿及缘毛，上面无毛或中脉疏被短毛，下面基部中脉两侧密被长柔毛，后脱落。

花：萼片宽卵形，长约1mm；花瓣黄绿色，长3～4mm；雄花较花瓣长。

果：具5～8（～10）浅纵沟。

物候期：花期5～6月，果期9～10月。

生境：多生于山地杂木林中或山区河谷沿岸。

紫椴

学名：*Tilia amurensis* Rupr.

俗名：阿穆尔椴、籽椴、裂叶紫椴

科属：锦葵科椴属

保护等级：国家二级保护

生活型：大乔木

株：高25m。

枝：幼枝有白丝毛，旋脱落；顶芽无毛。

叶：宽卵形，长4.5～6cm，宽4～5.5cm，先端尖，基部心形，下面脉腋有毛丛，侧脉4～5对，边缘有锯齿，齿尖长1mm；叶柄长2～3.5cm。

花：聚伞花序长3～5cm，有3～20花；苞片窄带形，长3～7cm，宽5～8mm，无毛，下半部与花序柄合生，基部有长1～1.5cm的柄；花梗长0.7～1cm；萼片宽披针形，长5～6mm，被柔毛；花瓣长6～7mm；无退化雄蕊，雄蕊20，长5～6mm；子房被毛，花柱长5mm。

果：卵圆形，长5～8mm，被星状柔毛，有棱或棱不明显。

物候期：花期7月。

生境：生于海拔500～1200m的杂木林或混交林中。

软枣猕猴桃

学名：*Actinidia arguta* (Siebold & Zucc.) Planch. ex Miq.

俗名：软枣子、紫果猕猴桃、心叶猕猴桃

科属：猕猴桃科猕猴桃属

保护等级：国家二级保护

濒危等级：无危（LC）

生活型：落叶藤本

枝：幼枝疏被毛，后脱落，皮孔不明显，髓心片层状，白至淡褐色。

叶：膜质，宽椭圆形或宽倒卵形，长8～12cm，先端骤短尖，基部圆或心形，常偏斜，具锐锯齿，上面无毛，下面脉腋具白色髯毛，叶脉不明显，叶柄长2～8cm。

花：花序腋生或腋外生，为一至二回分枝，1～7朵花，或厚或薄地被淡褐色短茸毛，花序梗长7～10mm，花柄8～14mm，苞片线形，长1～4mm。花绿白色或黄绿色，芳香，直径1.2～2cm；萼片4～6枚；卵圆形至长圆形，长3.5～5mm，边缘较薄，有不甚显著的缘毛，两面薄被粉末状短茸毛，或外面毛较少或近无毛；花瓣4～6片，楔状倒卵形或瓢状倒阔卵形，长7～9mm，1花4瓣的其中有1片二裂至半；花丝丝状，长1.5～3mm，花药黑色或暗紫色，长圆形箭头状，长1.5～2mm；子房瓶状，长6～7mm，洁净无毛，花柱长3.5～4mm。

果：果柄长1.5～2.2cm；果黄绿色，球形、椭圆形或长圆形，长2～3cm，径约1.8cm，具钝喙及宿存花柱，无毛，无斑点，基部无宿萼。

生境：生于海拔700～3600m山林中、溪旁或湿润处。

水曲柳

学名：*Fraxinus mandshurica* Rupr.

科属：木樨科梣属

保护等级：国家二级保护

生活型：落叶大乔木

株：高达30m以上，胸径达2m。

枝：树皮厚，灰褐色，纵裂；冬芽大，圆锥形，黑褐色，芽鳞外侧平滑，无毛，在边缘和内侧被褐色曲柔毛；小枝粗壮，黄褐色至灰褐色，四棱形，节膨大，光滑无毛，散生圆形明显凸起的小皮孔；叶痕节状隆起，半圆形。

叶：羽状复叶长25～35（～40）cm；叶柄长6～8cm，近基部膨大，干后变黑褐色；叶轴上面具平坦的阔沟，沟棱有时呈窄翅状，小叶着生处具关节，节上簇生黄褐色曲柔毛或秃净；小叶7～11（～13）枚，纸质，长圆形至卵状长圆形，长5～20cm，宽2～5cm，先端渐尖或尾尖，基部楔形至钝圆，稍歪斜，叶缘具细锯齿，上面暗绿色，无毛或疏被白色硬毛，下面黄绿色，沿脉被黄色曲柔毛，至少在中脉基部簇生密集的曲柔毛，中脉在上面凹入，下面凸起，侧脉10～15对，细脉甚细，在下面具明显网结；小叶近无柄。

花：圆锥花序生于去年生枝上，先叶开放，长15～20cm；花序梗与分枝具窄翅状锐棱；雄花与两性花异株，均无花冠也无花萼；雄花序紧密，花梗细而短，长3～5mm，雄蕊2枚，花药椭圆形，花丝甚短，开花时迅速伸长；两性花序稍松散，花梗细而长，两侧常着生2枚甚小的雄蕊，子房扁而宽，花柱短，柱头2裂。

果：翅果大而扁，长圆形至倒卵状披针形，长3～3.5（～4）cm，宽6～9mm，中部最宽，先端钝圆、截形或微凹，翅下延至坚果基部，明显扭曲，脉棱凸起。

物候期：花期4月，果期8～9月。

生境：生于海拔700～2100m的山坡疏林中或河谷平缓山地。

人参

学名：*Panax ginseng* C. A. Mey.

俗名：棒槌

科属：五加科人参属

保护等级：国家二级保护

濒危等级：极危（CR）

生活型：多年生草本

株：高可达60cm。

茎：根茎短，主根纺锤形。

叶：掌状复叶3~6枚轮生茎顶，叶柄长3~8cm，无毛；小叶3~5，膜质，中央小叶椭圆形或长圆状椭圆形，长8~12cm，侧生小叶卵形或菱状卵形，长2~4cm，先端长渐尖，基部宽楔形，具细密锯齿，齿具刺尖，上面疏被刺毛，下面无毛，侧脉5~6对；小叶柄长0.5~2.5cm。

花：伞形花序单生茎顶，具30~50朵花，花序梗长15~30cm；花梗长0.8~1.5cm；花淡黄绿色；萼具5小齿，无毛；花瓣5；花丝短；子房2室，花柱2，离生。

果：扁球形，鲜红色，径6~7mm。

种子：肾形，乳白色。

生境：生于海拔数百米的落叶阔叶林或针叶阔叶混交林下。

二

承德市河北省级重点保护野生植物

大叶藓

学名：*Rhodobryum roseum* Limpr.

科属：真藓科大叶藓属

濒危等级：近危（NT）

生活型：多年生苔藓植物

株：稀疏丛生，鲜绿或深绿色。

茎：具地下横走茎和地上直立茎，地下茎部分不生叶，生假根，类似种子植物的主根；地上茎高（3～）5～10cm，分枝或不分枝，下部叶小鳞片状，上部叶片大，顶生丛状，呈蔷薇花形。

叶：顶端生叶片长椭圆形，渐尖；下部叶缘内卷，上部叶缘平直或波状具锐齿，中肋粗，达于叶尖终止或略突出；叶片基部细胞长方形，上部细胞六边菱形，薄壁，具壁孔。

花：雌雄异株，雄株顶端头状花序。

孢蒴：生于紫红色蒴柄上，一个雌苞中常生2～3或多个孢子体，具短蒴台部，长柱形，略弯曲，悬垂；蒴盖高凸形，具短圆锥形尖，环带宽，自行脱落；齿片黄色，边宽，尖部透明，具疣；内蒴齿的齿条宽；齿毛长，节状部分具钩状突起。

孢子期：孢子黄绿色，成熟于秋季。

生境：林下阴湿藓类，生于土壤或岩面薄土上，有时生树干基部或腐木上。

卷柏

学名：*Selaginella tamariscina* (P. Beauv.) Spring

俗名：九死还魂草、还魂草、见水还

科属：卷柏科卷柏属

濒危等级：无危（LC）

生活型：多年生草本

株：土生或石生，复苏蕨类，呈垫状。

根：根托生于茎基部，长0.5～3cm，径0.3～1.8mm，根多分叉，密被毛，和茎及分枝密集形成树状主干，有时高达数十厘米。

茎：主茎自中部羽状分枝或不等2叉分枝，非"之"字形，无关节，禾秆色或棕色，不分枝主茎高10～20（～35）cm，茎卵状圆柱形，无沟槽，光滑，维管束1条；侧枝2～5对，二至三回羽状分枝，小枝稀疏，规则，分枝无毛，背腹扁，末回分枝连叶宽1.4～3.3mm。

叶：交互排列，二型，叶质厚，光滑，边缘具白边，主茎的叶较小枝的略大，覆瓦状排列，绿或棕色，边缘有细齿；分枝的腋叶对称，卵形、卵状三角形或椭圆形，长0.8～2.6cm，边缘有细齿，黑褐色；中叶不对称，椭圆形，长1.5～2.5cm，覆瓦状排列，背部非龙骨状，先端具芒，外展或与轴平行，基部平截，边缘有细齿（基部有短睫毛）；侧叶不对称，小枝叶卵形、三角形或矩圆状卵形，略斜升，重叠，长1.5～2.5cm，先端具芒，基部上侧宽，覆盖小枝，基部上侧边缘撕裂状或具细齿，下侧边近全缘，基部有细齿或具睫毛，反卷。

果：孢子叶穗紧密，四棱柱形，单生于小枝末端，长1.2～1.5cm；孢子叶一型，卵状三角形，边缘有细齿，具白边（膜质透明），先端有尖头或具芒；大孢子叶在孢子叶穗上下两面不规则排列；大孢浅黄色；小孢子橘黄色。

生境：常见于海拔60～2100m石灰岩上。

蕨

学名： *Pteridium aquilinum* var. *latiusculum* (Desv.) Underw. ex A. Heller

俗名：猴腿

科属：碗蕨科蕨属

生活型：蕨类

株：高可达1m。

茎：根茎长而横走，密被锈黄色柔毛。

叶：远生，柄长20~80cm，基部粗3~6mm，褐棕色或棕禾秆色，略有光泽，光滑，上面有浅纵沟1条；叶片阔三角形或长圆三角形，长30~60cm，宽20~45cm，先端渐尖，基部圆楔形，三回羽状；羽片4~6对，对生或近对生，斜展，基部一对最大（向上几对略变小），三角形，长15~25cm，宽14~18cm，柄长3~5cm，二回羽状；小羽片约10对，互生，斜展，披针形，长6~10cm，宽1.5~2.5cm，先端尾状渐尖（尾尖头的基部略呈楔形收缩），基部近平截，具短柄，一回羽状；裂片10~15对，平展，彼此接近，长圆形，长约14mm，宽约5mm，钝头或近圆头，基部不与小羽轴合生，分离，全缘；中部以上的羽片逐渐变为一回羽状，长圆披针形，基部较宽，对称，先端尾状，小羽片与下部羽片的裂片同形，部分小羽片的下部具1~3对浅裂片或边缘具波状圆齿。叶脉稠密，仅下面明显。叶干后近革质或革质，暗绿色，上面无毛，下面在裂片主脉上多少被棕色或灰白色的疏毛或近无毛。叶轴及羽轴均光滑，小羽轴上面光滑，下面被疏毛，少有密毛，各回羽轴上面均有深纵沟1条，沟内无毛。

生境：生于海拔200~830m山地阳坡及森林边缘阳光充足的地方。

雾灵蹄盖蕨

学名：*Athyrium acutidentatum* Ching

科属：蹄盖蕨科蹄盖蕨属

生活型：蕨类

株：高约60cm。

茎：根状茎短，直立或斜生，先端和叶柄基部密被棕色、披针形的大鳞片。

叶：簇生，柄长约30cm，黑褐色，向上禾秆色，光滑；叶片长卵形，长达30cm，先端短渐尖，基部略变狭，二回羽状，羽片约12对，互生，略斜展，几无柄，基部1对略缩短，长11cm，宽约2.5cm；小羽片约18对，基部的近对生，向上的互生，平展，无柄，长圆形，长1.2～1.5cm，钝圆头，并有三角形尖锯齿，基部圆锥形，略与羽轴合生，下侧不下延，下部的彼此分离。中部以上的彼此与羽轴狭翅相连，两侧羽裂达2/3，裂片4～5对，近长方形，边缘有张开的三角形钝齿，基部裂片最大，向上的渐短，先端有3～4个粗齿，叶脉羽状，侧脉单一。叶干后坚草质，绿色，无毛；叶轴和羽轴下面禾秆色。

孢子囊群：长圆形，生于裂片上侧小脉上，每小羽片4～6对，在支脉两侧各排成一行，靠近主脉；囊群盖弯钩形或钩形或马蹄形，灰棕色，膜质，边缘啮蚀状，易脱落；孢子无周壁，表面有大颗粒状纹饰。

生境：生于海拔900m山坡灌丛中。

杜松

学名：*Juniperus rigida* Siebold & Zucc.

俗名：软叶杜松、棒儿松、崩松、刚桧

科属：柏科刺柏属

濒危等级：近危（NT）

生活型：小乔木

株：高可达10m，树冠圆柱形或塔形。

枝：树皮灰褐色，纵裂，小枝下垂，幼枝三棱形。

叶：条状刺形，质厚，坚硬而直，长1.2～1.7cm，宽约1mm，先端锐尖，上面凹下成深槽，槽内有1条窄的白粉带，下面有明显的纵脊。

果：雌雄异株，球果圆形，直径6～8mm，成熟前紫黑色，熟时蓝黑色，有白粉。

种子：2～3粒，近卵圆形，长约6mm，先端尖，有4条钝棱。

物候期：5月开花，翌年10月种子成熟。

生境：生于海拔500～2200m较干燥的山地。

油松

学名：*Pinus tabuliformis* Carrière

俗名：巨果油松、紫翅油松、东北黑松、短叶马尾松、红皮松、短叶松

科属：松科松属

生活型：乔木

株：高可达25m，胸径可达1m以上。

茎：树皮灰褐色或褐灰色，裂成不规则较厚的鳞状块片，裂缝及上部树皮红褐色。

枝：一年生枝较粗，淡红褐或淡灰黄色，无毛，幼时微被白粉；冬芽圆柱形，红褐色。

叶：2针一束，粗硬。

花：雄球花圆柱形，长1.2～1.8cm，在新枝下部聚生成穗状。

果：球果卵形或圆卵形，长4～9cm，有短梗，向下弯垂，成熟前绿色，熟时淡黄色或淡褐黄色，常宿存树上近数年之久；中部种鳞近矩圆状倒卵形，长1.6～2cm，宽约1.4cm，鳞盾肥厚、隆起或微隆起，扁菱形或菱状多角形，横脊显著，鳞脐凸起有尖刺；种子卵圆形或长卵圆形，淡褐色有斑纹，长6～8mm，径4～5mm，连翅长1.5～1.8cm；子叶8～12枚，长3.5～5.5cm；初生叶窄条形，长约4.5cm，先端尖，边缘有细锯齿。

物候期：花期4～5月，球果翌年10月成熟。

生境：生于海拔100～2600m地带，多组成纯林。

臭冷杉

学名： *Abies nephrolepis* (Trautv. ex Maxim.) Maxim.

俗名：桃江庐子、罗汉松、冷杉、胡桃庐子、华北冷杉、白枞、白果枞、东陵冷杉、臭枞、白松、臭松、白果松

科属：松科冷杉属

濒危等级：无危（LC）

生活型：乔木

株：高可达30m。

茎：树皮平滑或有浅裂纹，常具横列的疣状皮孔，灰色。

枝：一年生枝淡黄褐或淡灰褐色，密被淡褐色短柔毛。

叶：长（1～）1.5～2.5（～3）cm，宽约1.5mm，营养枝之叶先端有凹缺或2裂，上面无气孔线，果枝之叶先端尖或有凹缺，上面无气孔线，稀中上部有2～4条气孔线；树脂道2，中生。

果：球果卵状圆柱形或圆柱形，长4.5～9.5cm，径2～3cm，熟时紫褐或紫黑色，无梗；中部种鳞肾形或扇状肾形，稀扇状四边形，长0.7～1.5cm，宽1.6～2.4cm，上部宽圆，较薄，边缘内曲，背面露出部分密被短毛；苞鳞较短，不露出或尖头微露出。

种子：倒卵状三角形，长4～6mm，种翅常较种子为短或近等长。

物候期：花期4～5月，球果9～10月成熟。

生境：生于海拔300～2100m地带。

周鹴 拍摄

周鹴 拍摄

周鹴 拍摄

周繇 拍摄

白杆

学名： *Picea meyeri* Rehder & E. H. Wilson

俗名：毛枝云杉、刺儿松、红扦云杉、钝叶杉、白儿松、红扦、白扦

科属：松科云杉属

濒危等级：近危（NT）

生活型：乔木

株：高可达30m，胸径60cm。

茎：树皮灰褐色，裂成不规则薄块片脱落。

枝：一年生枝黄褐色，密被或疏被短毛，或无毛，基部宿存芽鳞反曲；冬芽圆锥形，间或侧芽卵状圆锥形，黄褐色或褐色，微有树脂。

叶：四棱状条形，微弯，长1.3～3cm，宽约2mm，先端钝尖或钝，横切面四棱形，四面有粉白色气孔线，上两面各有6～7条，下两面各有4～5条。

果：球果长圆状圆柱形，长6～9cm，径2.5～3.5cm，熟前绿色，熟时褐黄色；中部种鳞倒卵形，上部圆形、截形或钝三角状。

种子：种子连翅长1.3cm。

物候期：花期4月，球果9月下旬至10月上旬成熟。

生境：生于海拔1600～2700m的气温较低、雨量及湿度较平原为高、土壤为灰棕色森林土地带，常组成以白杆为主的针阔叶混交林。

青杆

学名：*Picea wilsonii* Mast.

俗名：红毛杉、紫木树、华北云杉、细叶云杉、白扦云杉、方叶杉、细叶松、白扦松、黑扦松、刺儿松、青杆云杉、青扦云杉

科属：松科云杉属

濒危等级：无危（LC）

生活型：乔木

株：高达50m，胸径1.3m。

茎：树皮淡黄灰或暗灰色，浅裂成不规则鳞状块片脱落。

枝：冬芽卵圆形，稀圆锥状卵圆形，无树脂。

叶：四棱状条形，直或微弯，长0.8～1.3（～1.8）cm，宽1～2mm，先端尖，横切面四棱形或扁棱形，四面各有气孔线4～6条，无白粉。

果：球果卵状圆柱形或圆柱状长卵圆形，顶端钝圆，长5～8cm，径2.5～4cm，熟前绿色，熟时黄褐或淡褐色；中部种鳞倒卵形，长1.4～1.7cm，宽1～1.4cm，种鳞上部圆形或急尖，或呈钝三角状，背面无明显的条纹。

种子：倒卵圆形，长3～4mm，连翅长1.2～1.5cm。

物候期：花期4月，球果10月成熟。

生境：生长在海拔1400～1600m气候温凉、土壤湿润、深厚、排水良好的微酸性地带。

草麻黄

学名：*Ephedra sinica* Stapf

俗名：华麻黄、麻黄

科属：麻黄科麻黄属

濒危等级：近危（NT）

生活型：草本状灌木

株：高20～40cm。

枝：小枝直伸或微曲，细纵槽常不明显，节间长2.5～5.5cm，多为3～4cm，径约2mm。

叶：2裂，裂片锐三角形，先端急尖。

花：雄球花多呈复穗状，常具总梗，苞片通常4对；雌球花单生，有梗，苞片4对，下部3对1/4～1/3合生，最上1对合生部分在1/2以上；雌花2，胚珠的珠被管长约1mm，直立或先端微弯。

种子：通常2粒，包于肉质、红色苞片内，不露出，黑红或灰褐色，三角状卵圆形或宽卵圆形，长5～6mm，表面有细皱纹。

物候期：花期5～6月，种子8～9月成熟。

生境：见于山坡、平原、干燥荒地、河床及草原等处，常组成大面积的单纯群落。

睡莲

学名：*Nymphaea tetragona* Georgi

俗名：子午莲、粉色睡莲、野生睡莲、矮睡莲
科属：睡莲科睡莲属
生活型：多年生水生草本
茎：根茎粗短。
叶：漂浮，薄革质或纸质，心状卵形或卵状椭圆形，长5～12cm，宽3.5～9cm，基部具深弯缺，全缘，上面深绿色，光亮，下面带红或紫色，两面无毛，具小点；叶柄长达60cm。
花：花梗细长；萼片4，宽披针形或窄卵形，长2～3cm，宿存；花瓣8～17，白色，宽披针形、长圆形或倒卵形，长2～3cm；雄蕊约40；柱头辐射状裂片5～8。
果：浆果球形，直径2～2.5cm，为宿存萼片包裹。
种子：椭圆形，长2～3mm，黑色。
物候期：花期6～8月，果期8～10月。
生境：生在池沼中。

芡

学名：*Euryale ferox* Salisb. ex K. D. Koenig & Sims

俗名：芡实、假莲藕、刺莲藕、鸡头荷、鸡头莲、鸡头米

科属：睡莲科芡属

濒危等级：无危（LC）

生活型：一年生水生草本

株：具刺。

茎：根茎粗壮，茎不明显。

叶：二型，初生叶为沉水叶，箭形或椭圆形，长4～10cm，两面无刺；次生叶为浮水叶，革质，椭圆状肾形或圆形，径0.65～1.3m，盾状，全缘，上面深绿色，具蜡被，下面带紫色，被短柔毛，两面在叶脉分枝处具锐刺；叶柄及花梗粗壮，长达25cm，均被硬刺。

花：单生，伸出水面；萼片4，披针形，绿色，密被刺，内面紫色；花瓣多数，较萼片小，紫红色，数轮排列，向内渐变成雄蕊；雄蕊多数，花丝条形，花药内向，长圆形，药隔顶端平截；心皮8～10，子房下位，无花柱，柱头盘内凹，红色，边缘与萼筒愈合，每室胚珠少数。

果：浆果球形，径3～5（～10）cm，暗紫红色，密被硬刺，顶端具宿存直立萼片。

种子：20～100粒，球形，具浆质假种皮及黑色厚种皮，胚乳粉质。

物候期：花期7～8月，果期8～9月。

生境：生在池塘、湖沼中。

荇菜

学名：*Nymphoides peltata* (S. G. Gmel.) Kuntze

俗名：凫葵、水荷叶、杏菜、莕菜

濒危等级：无危（LC）

科属：睡菜科荇菜属

生活型：多年生水生草本

茎：茎圆柱形，多分枝，密生褐色斑点。

叶：上部叶对生，下部叶互生，叶片漂浮，近革质，圆形或卵圆形，直径1.5～8cm，基部心形，全缘，有不明显的掌状叶脉，下面紫褐色。

花：常多数，簇生节上，5数；花萼分裂近基部，裂片椭圆形或椭圆状披针形；花冠金黄色，冠筒短，喉部具5束长柔毛，裂片宽倒卵形。

果：蒴果无柄，椭圆形。

种子：种子大，褐色，椭圆形。

物候期：花果期4～10月。

生境：生于海拔60～1800m池塘或不甚流动的河溪中。

五味子

学名：*Schisandra chinensis* (Turcz.) Baill.

俗名：北五味子

濒危等级：无危（LC）

科属：五味子科五味子属

生活型：落叶木质藤本

叶：膜质，宽椭圆形、卵形、倒卵形、宽倒卵形或近圆形，长（3～）5～10（～14）cm，先端骤尖，基部楔形，上部疏生胼胝质浅齿，近基部全缘，基部下延成极窄翅。

花：花被片粉白或粉红色，6～9，长圆形或椭圆状长圆形，长0.6～1.1cm；雄花花梗长0.5～2.5cm，雄蕊5（6），长约2mm，离生，直立排列，花托长约0.5mm，无花丝或外3枚花丝极短；雌花花梗长1.7～3.8cm，雌蕊群近卵圆形，长2～4mm，单雌蕊17～40。

果：聚合果长1.5～8.5cm，小浆果红色，近球形或倒卵圆形，径6～8mm，果皮具不明显腺点。

种子：1～2粒，肾形，种皮光滑。

物候期：花期5～7月，果期7～10月。

生境：生于沟谷、溪旁、山坡等处。

天女花

学名：*Oyama sieboldii* (K. Koch) N. H. Xia & C. Y. Wu

俗名：小花木兰、天女木兰

科属：木兰科天女花属

濒危等级：近危（NT）

生活型：落叶小乔木

株：高达10m。

枝：当年生小枝细长，直径约3mm，淡灰褐色，初被银灰色平伏长柔毛。

叶：宽倒卵形，长9～13cm，宽4～9cm，先端突尖，下面有短柔毛和白粉；叶柄长1～4cm。

花：与叶同时开放，白色，芳香，杯状，盛开时碟状，直径7～10cm；花梗长3～7cm，密被褐色及灰白色平伏长柔毛，着生平展或稍垂的花朵；花被片9，近等大，外轮3片长圆状倒卵形或倒卵形，长4～6cm，宽2.5～3.5cm，基部被白色毛，顶端宽圆或圆，内两轮6片，较狭小，基部渐狭成短爪；雄蕊紫红色，长9～11mm，花药长约6mm，两药室邻接，内向纵裂，顶端微凹或药隔平，不伸出，花丝长3～4mm；雌蕊群椭圆形，绿色，长约1.5cm。

果：聚合果熟时红色，倒卵圆形或长圆体形，长2～7cm；蓇葖狭椭圆体形，长约1cm，沿背缝线二瓣全裂；顶端具长约2mm的喙。

种子：心形，外种皮红色，内种皮褐色，长与宽6～7mm，顶孔细小，末端具尖。

物候期：花期5～6月；果期8～9月。

生境：山地。

半夏

学名：*Pinellia ternata* (Thunb.) Ten. ex Breitenb.

俗名：地珠半夏、守田、和姑、地文、三兴草、三角草、三开花、三片叶、半子、野半夏、土半夏、生半夏、扣子莲、小天南星、洋犁头、三棱草、三叶头草、药狗丹、小天老星、麻芋子、三步魂、地星、老鸦头、野芋头、老和尚扣、老黄咀、尖叶半夏、球半夏、地慈姑、燕子尾、老鸦芋头、老鸦眼、无心菜、田里心、麻芋果、三步跳、三叶半夏

科属：天南星科半夏属

濒危等级：无危（LC）

生活型：多年生草本

茎：块茎圆球形，径1～2cm。

叶：2～5枚；幼叶卵状心形或戟形，全缘，长2～3cm，老株叶3全裂，裂片绿色，长圆状椭圆形或披针形，中裂片长3～10cm，侧裂片稍短，全缘或具不明显浅波状圆齿；叶柄长15～20cm，基部具鞘，鞘内、鞘部以上或叶片基部（叶柄顶端）有径3～5mm的珠芽。

花：花序梗长25～30（～35）cm；佛焰苞绿或绿白色，管部窄圆柱形，长1.5～2cm，檐部长圆形，绿色，有时边缘青紫色，长4～5cm；雌肉穗花序长2cm，雄花序长5～7mm，间隔3mm；附属器绿至青紫色，长6～10cm，直立，有时弯曲。

果：浆果卵圆形，黄绿色，花柱宿存。

物候期：花期5～7月，果期8月。

生境：常见于草坡、荒地、玉米地、田边或疏林下。

眼子菜

学名： *Potamogeton distinctus* A. Benn.

俗名：泉生眼子菜
科属：眼子菜科眼子菜属
濒危等级：无危（LC）
生活型：多年生水生草本
茎：根茎白色，径1.5～2mm，多分枝，顶端具纺锤状休眠芽体，节处生须根；茎圆柱形，径1.5～2mm，通常不分枝。

叶：浮水叶革质，披针形、宽披针形或卵状披针形，长2～10cm，叶脉多条，顶端连接；叶柄长5～20cm；沉水叶披针形或窄披针形，草质，常早落，具柄；托叶膜质，长2～7cm，鞘状抱茎。

花：穗状花序顶生，花多轮，开花时伸出水面，花后沉没水中；花序梗稍膨大，粗于茎，花时直立，花后自基部弯曲，长3～10cm；花小，花被片4，绿色；雌蕊2（稀1或3）。

果：宽倒卵圆形，长约3.5mm，背部3脊，中脊锐，上部隆起，侧脊稍钝；基部及上部各具2凸起，喙略下陷而斜，斜生于果腹面顶端。

物候期：花果期5～10月。

生境：生于池塘、水田和水沟等静水中，水体多呈微酸性至中性。

北重楼

学名：*Paris verticillata* M. Bieb.

科属：藜芦科重楼属

濒危等级：无危（LC）

生活型：多年生直立草本

茎：根状茎长，径2.5～4mm。

叶：7～9枚，椭圆形、倒卵状披针形或倒披针形，长5.5～12cm，宽1.2～4cm，绿色；叶无柄或柄长3～5mm。

花：花梗长2.5～13cm；花基数4（5），萼片卵状披针形，稀卵形，长2.5～5cm，宽0.7～2cm，常绿色，偶紫色，平伸；花瓣丝状或线形，长1.3～4cm；雄蕊2轮，花丝长3～8mm，黄绿或紫绿色，花药长5.5～12mm，黄色，药隔凸出部分长5～8mm，黄绿或紫色；子房近球形，4（5）室，紫色，中轴胎座，花柱长1～3mm，紫色，花柱基不明显，柱头4（5），纤细，长0.4～1.2cm。

果：浆果球形，成熟时紫黑色，不裂。

种子：卵圆形，无假种皮。

物候期：花期5～6月，果期7～9月。

生境：生于山坡林下、草丛、阴湿地或沟边。

卷丹

学名：*Lilium lancifolium* Ker Gawl.

俗名：卷丹百合、河花
科属：百合科百合属
生活型：多年生草本
茎：高25～65cm，有小乳头状突起。
叶：散生，矩圆状披针形或披针形，长6.5～9cm，宽1～1.8cm，两面近无毛，先端有白毛，边缘有乳头状突起，有5～7条脉，上部叶腋有珠芽。
花：3～6朵或更多；苞片叶状，卵状披针形，长1.5～2cm，宽2～5mm，先端钝，有白绵毛；花梗长6.5～9cm，紫色，有白色绵毛；花下垂，花被片披针形，反卷，橙红色，有紫黑色斑点；外轮花被片长6～10cm，宽1～2cm；内轮花被片稍宽，蜜腺两边有乳头状突起，尚有流苏状突起；雄蕊四面张开；花丝长5～7cm，淡红色，无毛，花药矩圆形，长约2cm；子房圆柱形，长1.5～2cm，宽2～3mm；花柱长4.5～6.5cm，柱头稍膨大，3裂。
果：蒴果狭长卵形，长3～4cm。
物候期：花期7～8月，果期9～10月。
生境：生于海拔400～2500m山坡灌木林下、草地、路边或水旁。

毛百合

学名：*Lilium pensylvanicum* Ker Gawl.

俗名：朝鲜百合

科属：百合科百合属

生活型：多年生草本

茎：鳞茎卵状球形，高约1.5cm，直径约2cm；鳞片宽披针形，长1～1.4cm，宽5～6mm，白色，有节或有的无节。

叶：散生，在茎顶端有4～5枚叶片轮生，基部有一簇白绵毛，边缘有小乳头状突起，有的还有稀疏的白色绵毛。

花：苞片叶状，长4cm；花梗长1～8.5cm，有白色绵毛；花1～2朵顶生，橙红色或红色，有紫红色斑点；外轮花被片倒披针形，先端渐尖，基部渐狭，长7～9cm，宽1.5～2.3cm，外面有白色绵毛；内轮花被片稍窄，蜜腺两边有深紫色的乳头状突起；雄蕊向中心靠拢；花丝长5～5.5cm，无毛，花药长约1cm；子房圆柱形，长约1.8cm，宽2～3mm；花柱长为子房的2倍以上，柱头膨大，3裂。

果：蒴果矩圆形，长4～5.5cm，宽3cm。

物候期：花期6～7月，果期8～9月。

生境：生于海拔450～1500m山坡灌丛间、疏林下、路边及湿润的草甸。

渥丹

学名： *Lilium concolor* Salisb.

科属：百合科百合属

生活型：多年生草本

茎：鳞茎卵球形，高2～3.5cm，径2～3.5cm；鳞片卵形或卵状披针形，长2～3.5cm，白色；鳞茎上方茎有根。

叶：散生，线形，长3.5～7cm，宽3～6mm，3～7脉，边缘有小乳头状突起，两面无毛。

花：花1～5朵呈近伞形或总状花序；花梗长1.2～4.5cm；花直立；星状开展，深红色，无斑点，有光泽；花被片长圆状披针形，长2.2～4cm，蜜腺两侧具乳头状突起；花丝长1.8～2cm，无毛，花药长约7mm；子房长1～1.2cm，宽2.5～3mm，花柱稍短于子房，柱头稍膨大。

果：蒴果长圆形，长3～3.5cm。

物候期：花期6～7月，果期8～9月。

生境：生于山坡草丛、路旁、灌木林下。

七筋姑

学名： *Clintonia udensis* Trautv. & C. A. Mey.

科属：百合科七筋姑属

濒危等级：无危（LC）

生活型：多年生草本

茎：根状茎较硬，粗约5mm，有撕裂成纤维状的残存鞘叶。

叶：3～4枚，纸质或厚纸质，椭圆形、倒卵状长圆形或倒披针形，长8～25cm，无毛或幼时边缘有柔毛，先端骤尖，基部呈鞘状抱茎或后期伸长成柄状。

花：花葶密生白色短柔毛，长10～20cm，果期伸长达60cm；总状花序有3～12花；花梗密生柔毛，初期长约1cm，后伸长达7cm；苞片披针形，长约1cm，密生柔毛，早落；花白色，稀淡蓝色；花被片长圆形，长0.7～1.2cm，外面有微毛，具5～7脉；花药长1.5～2mm，花丝长3～5（～7）mm；子房长约3mm，花柱连同3浅裂的柱头长3～5mm。

果：球形至矩圆形，长7～12（～14）mm，宽7～10mm，自顶端至中部沿背缝线作蒴果状开裂，每室有种子6～12粒。

种子：卵形或梭形，长34.2mm，宽约2mm。

物候期：花期5～6月，果期7～10月。

生境：生于海拔1600～4000m高山疏林下或阴坡疏林下。

小斑叶兰

学名：*Goodyera repens* (L.) R. Br.

俗名：南投斑叶兰、匍枝斑叶兰、袖珍斑叶兰

科属：兰科斑叶兰属

濒危等级：无危（LC）

生活型：草本

株：高15～20cm。

茎：根状茎细长匍匐，节上生细根；茎直立，上半部常有腺毛。

叶：数枚，生于茎下部，卵形或椭圆形，长1～3cm，宽5～15mm，先端钝尖或渐尖，基部渐狭，上面有黄白色斑纹，网状，下面灰绿色；叶柄鞘状，长5～9mm。茎上部有鞘状叶。

花：总状花序，花数朵或更多，偏于一侧，有腺毛，苞片披针形，长5～9mm，花白色或粉红色，萼外有腺毛，中萼片椭圆状卵形，长约4mm，宽2mm，先端钝，与花瓣靠合成兜状，侧萼片斜卵形，长与中萼片略相等，花瓣舌状，比萼片狭；唇瓣披针形，长约3mm，不分裂，基部不凹成囊，先端狭如喙，外折，蕊柱长1.5～2mm，花药小，花丝极短，蕊喙直立，2裂，裂片叉状，黏盘插生于其中；柱头1，位于蕊喙之下的中央，子房扭转，疏生腺毛。

物候期：花期8月。

生境：生于海拔700～3800m山坡、沟谷林下。

二叶兜被兰

学名： *Neottianthe cucullata* (L.) Schltr.

俗名：兜被兰、二狭叶兜被兰、一叶兜被兰

科属：兰科兜被兰属

生活型：多年生草本

株：高达24cm。

茎：块茎球形或卵形；茎基部具2枚近对生的叶，其上具1～4小叶。

叶：卵形、卵状披针形或椭圆形，长4～6cm，先端尖或渐尖，基部短鞘状抱茎，上面有时具紫红色斑点。

花：花序具几朵至10余朵花，常偏向一侧；苞片披针形；花紫红或粉红色；萼片在3/4以上靠合成兜，兜长5～7mm，宽3～4mm，中萼片披针形，长5～6mm，宽约1.5mm；侧萼片斜镰状披针形，长6～7mm，基部宽1.8mm；花瓣披针状线形，长约5mm，宽0.5mm，与中萼片贴生；唇瓣前伸，长7～9mm，上面和边缘具乳突，基部楔形，3裂，侧裂片线形，中裂片长，宽0.8mm；距细圆筒状锥形，中部前弯，近"U"字形，长4～5mm。

物候期：花期8～9月。

生境：生于海拔400～4100m山坡林下或草地。

角盘兰

学名： *Herminium monorchis* (L.) R. Br.

科属：兰科角盘兰属

濒危等级：近危（NT）

生活型：多年生草本

株：高达35cm。

茎：块茎球形，径0.6~1cm；茎下部具2~3叶，其上具1~2小叶。

叶：窄椭圆状披针形或窄椭圆形，长2.8~10cm，宽0.8~2.5cm，先端尖。

花：花序具多花，长达15cm；苞片线状披针形，长2.5mm，先端长渐尖尾状；子房圆柱状纺锤形，扭转，连花梗长4~5mm；花黄绿色，垂头，钩手状；萼片近等长，中萼片椭圆形或长圆状披针形，长2.2mm，宽1.2mm，侧萼片长圆状披针形，宽约1mm；花瓣近菱形，上部肉质，较萼片稍长，向先端渐窄，或在中部多少3裂，中裂片线形；唇瓣与花瓣等长，肉质，基部浅囊状，近中部3裂，中裂片线形，长1.5mm，侧裂片三角形。

物候期：花期6~7（~8）月。

生境：生于海拔600~4500m山坡阔叶林至针叶林下、灌丛下、山坡草地或河滩沼泽草地中。

对叶兰

学名：*Neottia puberula* (Maxim.) Szlach.

俗名：华北对叶兰

科属：兰科鸟巢兰属

生活型：多年生草本

株：高达20cm。

茎：茎纤细，近中部具2枚对生叶。

叶：心形、宽卵形或宽卵状三角形，长1.5～2.5cm，宽常稍大于长，基部宽楔形或近心形，边缘多少皱波状。

花：花序长达7cm，被柔毛，疏生4～7花；苞片披针形，长1.5～3.5mm；花梗具柔毛；花绿色，中萼片卵状披针形，长约2.5mm，侧萼片斜卵状披针形，与中萼片近等长；花瓣线形，长约2.5mm，唇瓣窄倒卵状楔形或长圆状楔形，长6～8mm，中脉较粗，外侧边缘多少具乳突状细缘毛，先端2裂，裂片长圆形，长2～2.5mm，两裂片叉开或几平行；蕊柱长2～2.5mm；蕊喙大。

果：蒴果倒卵形，长6mm，径约3.5mm，果柄长约5mm。

物候期：花期7～9月，果期9～10月。

生境：生于海拔1400～2600m的密林下阴湿处。

尖唇鸟巢兰

学名：*Neottia acuminata* Schltr.

科属：兰科鸟巢兰属

濒危等级：无危（LC）

生活型：多年生草本

株：高达30cm。

茎：根状茎短，纤维状根团聚成鸟巢状；茎直立，褐色，无毛；叶鞘3～4个，无毛，位于茎中部至基部。

花：总状花序，花序长4～8cm，常具20余朵花；苞片长圆状卵形，长3～4mm；花梗长3～4mm；子房椭圆形，长2.5～3mm；花黄褐色，常3～4朵呈轮生状；中萼片窄披针形，长3～5mm，宽约0.8mm，侧萼片与中萼片相似，宽达1mm；花瓣窄披针形，长2～3.5mm，宽约0.5mm，唇瓣常卵形或披针形，长2～3.5mm，宽1～2mm，不裂，边缘稍内弯；蕊柱长不及0.5mm，短于花药或蕊喙；花药直立，近椭圆形，长约1mm；柱头横长圆形，直立，两侧内弯，包蕊喙，2个柱头面位于内弯边缘内侧；蕊喙舌状，直立，长达1mm。

果：蒴果椭圆形，长约6mm，径3～4mm。

物候期：花果期6～8月。

生境：生于海拔1500～4100m的林下或荫蔽草坡上。

二叶舌唇兰

学名： *Platanthera chlorantha* Cust.ex Rchb.

科属：兰科舌唇兰属

濒危等级：无危（LC）

生活型：多年生草本

株：高达50cm。

茎：块茎卵状纺锤形，长3～4cm，上部收窄细圆柱形；茎较粗壮，近基部具2枚近对生的大叶。

叶：其上具2～4枚披针形小叶，大叶椭圆形或倒披针状椭圆形，长10～20cm，基部鞘状抱茎。

花：花序长13～23cm，具12～32花；苞片披针形，最下部的长于子房；子房上部钩曲，连花梗长1.6～1.8cm；花绿白或白色，中萼片舟状、圆状心形，长6～7mm，侧萼片张开，斜卵形，长7.5～8mm；花瓣直立，斜窄披针形，长5～6mm，基部宽2.5～3mm，不等侧，渐收窄呈线形，宽1mm，与中萼片靠合呈兜状；唇瓣前伸，舌状，肉质，长0.8～1.3cm，宽约2mm；距棒状圆筒形，长2.5～3.6cm，水平或斜下伸，微钩曲或弯曲，向末端增粗，较子房长1.5～2倍；药室叉形，药隔宽3～3.5mm；柱头1个，凹陷，位于蕊喙之下穴内。

物候期：花期6～7（～8）月。

生境：生于海拔400～3300m的山坡林下或草丛中。

绶草

学名： *Spiranthes sinensis* (Pers.) Ames

俗名：盘龙参、红龙盘柱、一线香、义富绶草
科属：兰科绶草属
濒危等级：无危（LC）
生活型：多年生草本
株：高达30cm。
茎：茎近基部生2～5叶。
叶：叶宽线形或宽线状披针形，稀窄长圆形，直伸，基部具柄状鞘抱茎。
花：花茎高达25cm，上部被腺状柔毛或无毛；花序密生多花，长4～10cm，螺旋状扭转；苞片卵状披针形；子房纺锤形，扭转，被腺状柔毛或无毛，连花梗长4～5mm；花紫红、粉红或白色，在花序轴螺旋状排生；萼片下部靠合，中萼片窄长圆形，舟状，长4mm，宽1.5mm，与花瓣靠合兜状，侧萼片斜披针形，长5mm；花瓣斜菱状长圆形，与中萼片等长，较薄；唇瓣宽长圆形，凹入，长4mm，前半部上面具长硬毛，边缘具皱波状啮齿，唇瓣基部浅囊状，囊内具2胼胝体。
物候期：花期7～8月。
生境：生于海拔200～3400m山坡林下、灌丛下、草地或河滩沼泽草甸中。

羊耳蒜

学名：*Liparis campylostalix* Rchb. f.

俗名：齿唇羊耳蒜

科属：兰科羊耳蒜属

生活型：草本

茎：假鳞茎宽卵形，长 0.5～1cm，径 0.6～1cm，被白色薄膜质鞘。

叶：2 枚，卵形或卵状长圆形，长 2～5.5cm，宽 1～2（～3）cm，基部成鞘状柄，无关节。

花：花莛长达 25cm，花序具数朵至 10 余朵花；苞片长 1～2mm；花淡紫色；中萼片线状披针形，长 5～6mm，宽约 1.4mm，侧萼片略斜歪，宽约 1.8mm；花瓣丝状，长 5～6mm，宽约 0.5mm，唇瓣近倒卵状椭圆形，长 5～6mm，从中部多少反折，先端近圆，有短尖，具不规则细齿，基部窄，无胼胝体；蕊柱长约 2.5mm，顶端具钝翅，基部肥厚。

物候期：花期 7 月。

生境：生于海拔 2650～3400m 林下岩石积土或松林下草地。

原沼兰

学名：*Malaxis monophyllos* (L.) Sw.

俗名：沼兰

科属：兰科原沼兰属

生活型：草本

茎：假鳞茎卵形。

叶：常1枚，卵形、长卵形或近椭圆形，长2.5～7.5cm；叶柄多少鞘状，长3～6.5（～8）cm，抱茎和上部离生。

花：花葶长达40cm，花序具数十朵花；苞片长2～2.5mm；花梗和子房长2.5～4mm；花淡黄绿或淡绿色；中萼片披针形或窄卵状披针形，长2～4mm，侧萼片线状披针形；花瓣近丝状或极窄披针形，长1.5～3.5mm，唇瓣长3～4mm，先端骤窄成窄披针状长尾（中裂片），唇盘近圆形或扁圆形，中央略凹下，两侧边缘肥厚，具疣状突起，基部两侧有短耳；蕊柱粗，长约0.5mm。

果：蒴果倒卵形或倒卵状椭圆形，长6～7mm；果柄长2.5～3mm。

物候期：花果期7～8月。

生境：生于800～4100m林下、灌丛中或草坡上。

凹舌兰

学名： *Dactylorhiza viridis* (L.) R. M. Bateman, Pridgeon & M. W. Chase

俗名：台湾裂唇兰、绿花凹舌兰、长苞凹舌兰、凹舌掌裂兰

科属：兰科掌裂兰属

生活型：地生草本

株：高14～45cm。

根：块茎肉质，前部呈掌状分裂。

茎：直立，基部具2～3枚筒状鞘，鞘之上具叶，叶之上常具1至数枚苞片状小叶。

叶：常3～4（～5）枚，叶片狭倒卵状长圆形、椭圆形或椭圆状披针形，直立伸展，长5～12cm，宽1.5～5cm，先端钝或急尖，基部收狭成抱茎的鞘。

花：总状花序具多数花，长3～15cm；花苞片线形或狭披针形，直立伸展，常明显较花长；子房纺锤形，扭转，连花梗长约1cm；花绿黄色或绿棕色，直立伸展；萼片基部常稍合生，几等长，中萼片直立，凹陷呈舟状、卵状椭圆形，长（4.2～）6～8（～10）mm，先端钝，具3脉；侧萼片偏斜，卵状椭圆形，较中萼片稍长，先端钝，具4～5脉；花瓣直立，线状披针形，较中萼片稍短，宽约1mm，具1脉，与中萼片靠合呈兜状；唇瓣下垂，肉质，倒披针形，较萼片长，基部具囊状距，上面在近部的中央有1条短的纵褶片，前部3裂，侧裂片较中裂片长，长1.5～2mm，中裂片小，长不及1mm；距卵球形，长2～4mm。

果：蒴果直立，椭圆形，无毛。

物候期：花期5～8月，果期9～10月。

生境：生于海拔1200～4300m山坡林下、灌丛下或山谷林缘湿地。

裂唇虎舌兰

学名：*Epipogium aphyllum* (F. W. Schmidt) Sw.

科属：兰科虎舌兰属

濒危等级：濒危（EN）

生活型：多年生草本

株：高达30cm。

茎：根状茎珊瑚状；茎直立，淡褐色，肉质，无绿叶，具数枚膜质鞘，抱茎。

花：总状花序顶生，具2～6花；苞片窄卵状长圆形，长6～8mm；花梗纤细，长3～5mm；花黄色带粉红或淡紫色晕；萼片披针形或窄长圆状披针形，长1.2～1.8cm；花瓣常略宽于萼片，唇瓣近基部3裂，侧裂片直立，近长圆形或卵状长圆形，长3～3.5mm，中裂片卵状椭圆形，长0.8～1cm，近全缘，多少内卷，内面常有4～6紫红色皱波状纵脊，距长5～8mm，径4～5mm，末端圆；蕊柱粗，长6～7mm。

物候期：花期8～9月。

生境：生于海拔1200～3600m林下、岩隙或苔藓丛生之地。

射干

学名：*Belamcanda chinensis* (L.) Redouté

俗名：野萱花、交剪草

科属：鸢尾科射干属

濒危等级：无危（LC）

生活型：多年生草本

茎：根状茎斜伸，黄褐色。

叶：互生，剑形，无中脉，嵌迭状二列，长20～40cm，宽2～4cm。

花：花序叉状分枝；花梗及花序的分枝处有膜质苞片；花橙红色，有紫褐色斑点，径4～5cm；花被裂片倒卵形或长椭圆形，长约2.5cm，宽约1cm，内轮较外轮裂片稍短窄；雄蕊花药线形外向开裂，长1.8～2cm；柱头有细短毛，子房倒卵形。

果：蒴果倒卵圆形，长2.5～3cm，室背开裂果瓣外翻，中央有直立果轴。

种子：球形，黑紫色，有光泽。

物候期：花期6～8月，果期8～9月。

生境：生于林缘或山坡草地。

黄精

学名：*Polygonatum sibiricum* Redouté

俗名：鸡爪参、老虎姜、爪子参、笔管菜、黄鸡菜、鸡头黄精

科属：天门冬科黄精属

生活型：多年生草本

茎：根状茎圆柱状，节膨大，节间一头粗一头细，粗头有短分枝，径1~2cm。

叶：4~6枚轮生，线状披针形，长8~15cm，宽0.4~1.6cm，先端拳卷或弯曲。

花：花序常具2~4花，呈伞状，花序梗长1~2cm；花梗长0.3~1cm，俯垂；苞片生于花梗基部，膜质，钻形或线状披针形，长3~5mm，具1脉；花被乳白或淡黄色，长0.9~1.2cm，花被筒中部稍缢缩，裂片长约4mm；花丝长0.5~1mm，花药长2~3mm；子房长约3mm，花柱长5~7mm。

果：浆果径0.7~1cm，成熟时黑色，具4~7种子。

物候期：花期5~6月，果期8~9月。

生境：生于海拔800~2800m林下、灌丛或山坡阴处。

五叶黄精

学名：*Polygonatum acuminatifolium* Kom.

科属：天门冬科黄精属

濒危等级：无危（LC）

生活型：多年生草本

茎：根状茎细圆柱形，直径3～4mm；茎高20～30cm，仅具4～5叶。

叶：互生，椭圆形至矩圆状椭圆形，长7～9cm，具长5～15mm的叶柄。

花：花序具1～2花，总花梗长1～2cm，花梗长2～6mm，中部以上具一膜质的微小苞片；花被白绿色，全长2～2.7cm，裂片长4～5mm，筒内花丝贴生部分具短绵毛；花丝长3.5～4.5mm，两侧扁，具乳头状突起至具短绵毛，顶端有时膨大呈囊状；花药长4～4.5mm；子房长约6mm，花柱长15～20mm。

物候期：花期5～6月。

生境：生于海拔1100～1400m林下。

知母

学名：*Anemarrhena asphodeloides* Bunge

科属：天门冬科知母属

生活型：多年生草本

根：较粗。

茎：根状茎横走，径0.5～1.5cm，为残存叶鞘覆盖。

叶：基生，禾叶状，叶长15～60cm，宽0.2～1.1cm。

花：花莛生于叶丛中或侧生，直立；花2～3朵簇生，排成总状花序，花序长20～50cm；苞片小，卵形或卵圆形，先端长渐尖；花粉红、淡紫或白色；花被片6，基部稍合生，条形，长0.5～1cm，中央具3脉，宿存；雄蕊3，生于内花被片近中部，花丝短，扁平，花药近基着，内向纵裂；子房3室，每室2胚珠，花柱与子房近等长，柱头小。

果：蒴果窄椭圆形，长0.8～1.3cm，径5～6mm，顶端有短喙，室背开裂，每室1～2粒种子。

种子：长0.7～1cm，黑色，具3～4窄翅。

物候期：花期6～7月，果期8～9月。

生境：生于海拔1450m山坡、草地或路旁较干燥或向阳的地方。

雨久花

学名： *Pontederia korsakowii* (Regel & Maack) M.Pell. & C.N.Horn

科属：雨久花科梭鱼草属

生活型：直立水生草本

茎：根状茎粗壮，具柔软须根。茎直立，高30～70cm，全株光滑无毛，基部有时带紫红色。

叶：基生和茎生；基生叶宽卵状心形，长4～10cm，宽3～8cm，顶端急尖或渐尖，基部心形，全缘，具多数弧状脉；叶柄长达30cm，有时膨大成囊状；茎生叶叶柄渐短，基部增大成鞘，抱茎。

花：总状花序顶生，有时再聚成圆锥花序；花10余朵，具5～10mm长的花梗；花被片椭圆形，长10～14mm，顶端圆钝，蓝色；雄蕊6枚，其中1枚较大，花药长圆形，浅蓝色，其余各枚较小，花药黄色，花丝丝状。

果：蒴果长卵圆形，长10～12mm。

种子：长圆形，长约1.5mm，有纵棱。

物候期：花期7～8月，果期9～10月。

生境：生于池塘、湖沼靠岸的浅水处和稻田中。

黑三棱

学名： *Sparganium stoloniferum* (Buch.-Ham.ex Graebn.) Buch.-Ham. ex Juz.

科属：香蒲科黑三棱属

濒危等级：无危（LC）

生活型：多年生水生或沼生草本

茎：直立，高0.7～1.2m或更高，挺水。

叶：长20～90cm，宽0.7～1.6cm，具中脉，上部扁平，下部下面呈龙骨状凸起或棱形，基部鞘状。

花：圆锥花序开展，长20～60cm，具3～7个侧枝，每侧枝上着生7～11个雄头状花序和1～2个雌头状花序，后者径1.5～2cm，花序轴顶端通常具3～5个雄头状花序或更多，无雌头状花序；雄头状花序呈球形，径约1cm；雄花花被片匙形，膜质，先端浅裂，早落，花药近倒圆锥形，较花丝短1/3；雌花花被长5～7mm，生于子房基部，宿存，子房顶端骤缩，无柄，花柱长约1.5mm，柱头分叉或否，长3～4mm，向上渐尖。

果：长6～9mm，倒圆锥形，上部通常膨大呈冠状，具棱，成熟时褐色。

物候期：花果期5～10月。

生境：生于海拔1500～600m高山水域中。

宽叶香蒲

学名：*Typha latifolia* L.

科属：香蒲科香蒲属

生活型：多年生水生或沼生草本

茎：根状茎乳黄色，顶端白色。

叶：线形，长45~95cm，宽0.5~1.5cm，无毛，上部扁平，下面中部以下渐隆起；叶鞘抱茎。

花：雌雄花序紧密相接；雄花序长3.5~12cm，比雌花序粗壮，花序轴被灰白色弯曲柔毛，叶状苞片1~3，脱落；雌花序长5~22.6cm，花后发育；雄花常由2雄蕊组成，花药长圆形，长约3mm，花丝短于花药，基部合生成短柄；雌花无小苞片；孕性雄花子房披针形，长约1mm，子房柄长约4mm，花柱长2.5~3mm，柱头披针形，长1~1.2mm；不孕雌花子房倒圆锥形，子房柄较粗壮，不等长，白色丝状毛明显短于花柱。

果：小坚果披针形，长1~1.2mm，褐色果皮通常无斑点。

种子：褐色，椭圆形，长不及1mm。

物候期：花果期5~8月。

生境：生于湖泊、池塘、沟渠、河流的缓流浅水带，亦见于湿地和沼泽。

野罂粟

学名：*Oreomecon nudicaulis* (L.) Banfi, Bartolucci, J.-M. Tison & Galasso

俗名：冰岛罂粟、冰岛虞美人、橘黄罂粟、山大烟
科属：罂粟科高山罂粟属
生活型：多年生草本
株：高达60cm。
茎：根茎粗短，常不分枝，密被残枯叶鞘；茎极短。
叶：基生，卵形或窄卵形，长3～8cm，羽状浅裂、深裂或全裂，裂片2～4对，小裂片窄卵形、披针形或长圆形，两面稍被白粉，被刚毛，稀近无毛；叶柄长（1～）5～12cm，基部鞘状，被刚毛。
花：花葶1至数枝，被刚毛，花单生花葶顶端；花芽密被褐色刚毛；萼片2，早落；花瓣4，宽楔形或倒卵形，长（1.5～）2～3cm，具浅波状圆齿及短爪，淡黄、黄或橙黄色，稀红色；花丝钻形；柱头4～8，辐射状。
果：窄倒卵圆形、倒卵圆形或倒卵状长圆形，长1～1.7cm，密被平伏刚毛，具4～8肋；柱头盘状，具缺刻状圆齿。
种子：近肾形，褐色，具条纹及蜂窝小孔穴。
物候期：花果期5～9月。
生境：生于海拔（580～）1000～2500（～3500）m的林下、林缘、山坡草地。

白头翁

学名：*Pulsatilla chinensis* (Bunge) Regel

俗名：毫笔花、毛姑朵花、老姑子花、老公花、大碗花、将军草、老冠花、羊胡子花、记性草

科属：毛茛科白头翁属

生活型：多年生草本

株：高达35cm。

茎：根茎径0.8～1.5cm。

叶：4～5枚，叶宽卵形，长4.5～14cm，宽8.5～16cm，下面被柔毛，3全裂，中裂片常具柄，3深裂，小裂片分裂较浅，末回裂片卵形，侧裂片较小，不等3裂；叶柄长5～7cm，密被长柔毛。

花：花莛1～2个，被柔毛；总苞管长0.3～1cm，裂片线形；花梗长2.5～5.5cm；花直立；萼片6，蓝紫色，长圆状卵形，长2.8～4.4cm；雄蕊长约萼片之半。

果：瘦果扁纺锤形，长3.5～4mm，被长柔毛，宿存花柱长3.5～6.5cm，被向上斜展长柔毛。

物候期：花期4～5月。

生境：平原和低山坡草丛中、林边或干旱多石的坡地。

升麻

学名：*Actaea cimicifuga* L.

俗名：绿升麻

科属：毛茛科类叶升麻属

生活型：多年生草本

株：高达1～2m。

茎：根茎粗壮。

枝：分枝被柔毛。

叶：二至三回三出羽状复叶，叶柄长达15cm；小叶菱形或卵形，长达10cm，浅裂，具不规则锯齿。

花：花序具3～20分枝，长达45cm，密被灰色腺毛及柔毛；萼片白色，倒卵状圆形；退化雄蕊宽椭圆形，顶端微凹或2浅裂，雄蕊多数；心皮2～5，密被灰色柔毛，具短柄。

果：蓇葖果长0.8～1.4cm，密被灰色柔毛。

种子：具横向膜质翅，周围具鳞翅。

物候期：花期7～9月，果期8～10月。

生境：生于海拔1700～2300m山地林缘、林中或路旁草丛中。

河北白喉乌头

学名： *Aconitum leucostomum* var. *hopeiense* W. T. Wang

科属：毛茛科乌头属

生活型：草本

茎：高约1m，中下部疏被反曲短柔毛或几无毛，上部有开展的腺毛。

叶：基生叶约1，与茎下部叶具长柄；叶片形状与高乌头极为相似，长约达14cm，宽达18cm，上面无毛或几无毛，下面疏被短曲毛；叶柄长20～30cm。

花：总状花序长20～45cm，有多数密集的花；花梗与轴成钝角斜上展，密被开展淡黄色短腺毛；基部苞片3裂，其他苞片线形，比花梗长或近等长，长达3cm；花梗长1～3cm，中部以上的近向上直展；小苞片生花梗中部或下部，线形或丝形，长3～8mm；萼片呈均匀的紫色，下部带白色，被短柔毛，上萼片圆筒形，高1.5～2.4cm，外缘在中部不明显缢缩，然后向外下方斜展，下缘长0.9～1.5cm；花瓣的距比唇长，稍拳卷；花丝全缘；心皮3，无毛。

果：蓇葖果长1～1.2mm。

种子：倒卵圆形，有不明显3纵裂，生横窄翅。

物候期：7～8月开花。

生境：生于海拔900～1550m山地林边或林下。

金莲花

学名：*Trollius chinensis* Bunge

俗名：阿勒泰金莲花

科属：毛茛科金莲花属

濒危等级：无危（LC）

生活型：多年生草本

株：高达70cm。

茎：不分枝，疏生（2～）3～4叶。

叶：基生叶1～4，长16～36cm，具长柄；叶五角形，长3.8～6.8cm，宽6.8～12.5cm，基部心形，3全裂，裂片分开，中裂片菱形，先端尖，3裂达中部或稍过中部，常三回裂，具不等三角形锐齿，侧裂片扇形，2深裂近基部，上面深裂片与中裂片相似，下面深裂片斜菱形；叶柄长12～30cm，基部具窄鞘；茎生叶似基生叶，下部叶具长柄，上部叶较小，具短柄或无柄。

花：单花顶生或2～3朵成聚伞花序，径约4.5cm；花梗长5～9cm；萼片（6～）10～15（～19），金黄色，干时非绿色，椭圆状倒卵形或倒卵形，长1.5～2.8cm，先端圆，具三角形或不明显小牙齿；花瓣18～21，稍长于萼片或与萼片近等长，稀较萼片稍短，条形；雄蕊长0.5～1.1cm；心皮20～30。

果：蓇葖果长1～1.2cm，宿存花柱长约1mm。

种子：近倒卵圆形。

物候期：花期6～7月，果期8～9月。

生境：生于海拔1000～2200m山地草坡或疏林下。

长毛银莲花

学名： *Anemone narcissiflora* subsp. *crinita* (Juz.) Kitag.

俗名：卵裂银莲花

科属：毛茛科银莲花属

濒危等级：无危（LC）

　　本种形态与银莲花相似，但本种花莛与叶柄均密生开展的白色长毛，叶3裂，裂片又二至三回羽状细裂，小裂片线状披针形，叶两面疏生长毛，瘦果无毛；花期5~6月，果期7~9月；生于草甸、林缘草地、山坡、山顶石砾处。

银莲花

学名：*Anemone cathayensis* Kitag. ex Ziman & Kadota

科属：毛茛科银莲花属

濒危等级：无危（LC）

生活型：多年生草本

株：高达40cm。

茎：根茎垂直。

叶：基生叶4～6枚，具长柄；叶心状五角形，稀圆卵形，长2～5.5cm，宽4～9cm，3全裂，中裂片宽，菱形或菱状倒卵形，3裂，二回裂片浅裂，侧裂片斜扇形，不等3深裂，两面疏被柔毛，后脱落无毛。

花：花葶及叶柄疏被柔毛或无毛；苞片约5，无柄，不等大，菱形或倒卵形，3裂；伞辐2～5，长2～5cm；萼片5～6（～10），白或带粉红色，倒卵形，长1～1.8cm；雄蕊多数；心皮4～16，无毛。

果：瘦果扁平，宽椭圆形，长5mm，无毛。

物候期：花期4～7月。

生境：生于海拔1000～2600m山坡草地、山谷沟边或多石砾坡地。

芍药

学名：*Paeonia lactiflora* Pall.

俗名：野芍药、土白芍、芍药花、山芍药、山赤芍、金芍药、将离、红芍药、含巴高、殿春、川白药、川白芍、赤药、赤芍药、赤芍、查那–其其格、草芍药、白药、白苕、白芍药、白芍、毛果芍药

科属：芍药科芍药属

濒危等级：无危（LC）

生活型：多年生草本

根：粗壮，分枝黑褐色。

茎：高40～70cm，无毛。

叶：下部茎生叶为二回三出复叶，上部茎生叶为三出复叶；小叶窄卵形、椭圆形或披针形，先端渐尖，基部楔形或偏斜，具白色骨质细齿，两面无毛，下面沿叶脉疏生短柔毛。

花：数朵，生茎顶和叶腋，有时仅顶端一朵开放，径8～11.5cm；苞片4～5，披针形，不等大；萼片4，宽卵形或近圆形，长1～1.5cm；花瓣9～13，倒卵形，长3.5～6cm，白色，有时基部具深紫色斑块；花丝长0.7～1.2cm，黄色；花盘浅杯状，仅包心皮基部，顶端裂片钝圆；心皮（2～）4～5，无毛。

果：蓇葖果长2.5～3cm，径1.2～1.5cm，顶端具喙。

物候期：花期5～6月，果期8月。

生境：生于山坡草地。

小丛红景天

学名： *Rhodiola dumulosa* (Franch.) S.H.Fu

科属：景天科红景天属

濒危等级：无危（LC）

生活型：多年生草本

根：粗壮，分枝，地上部分常被残留老枝。

叶：互生，线形或宽线形，长0.7～1cm，全缘；无柄。

花：花茎聚生主轴顶端，长达28cm，不分枝；花序聚伞状，有4～7花；萼片5，线状披针形，长4mm；花瓣5，直立，白或红色，披针状长圆形，直立，长0.8～1.1cm，边缘平直，或多少流苏状；雄蕊10，较花瓣短，外轮较长，对瓣；鳞片5，横长方形，长0.4mm，宽0.8～1mm，先端微缺；心皮5，卵状长圆形，直立，长6～9mm，基部1～1.5mm合生。

种子：蓇葖5；种子少数，长圆形，长1.2mm，有微乳头状凸起，有窄翅。

物候期：花期6～7月，果期8月。

生境：生于海拔1600～3900m的山坡石上。

黄芪

学名： *Astragalus membranaceus* (Fisch.) Bunge

俗名：膜荚黄芪

科属：豆科黄芪属

生活型：多年生草本

株：高50～100cm。

根：主根肥厚，木质，常分枝，灰白色。

茎：直立，上部多分枝，有细棱，被白色柔毛。

叶：羽状复叶有13～27枚小叶，长5～10cm；叶柄长0.5～1cm；托叶离生，卵形、披针形或线状披针形，长4～10mm，下面被白色柔毛或近无毛；小叶椭圆形或长圆状卵形，长7～30mm，宽3～12mm，先端钝圆或微凹，具小尖头或不明显，基部圆形，上面绿色，近无毛，下面被伏贴白色柔毛。

花：总状花序稍密，有10～20朵花；总花梗与叶近等长或较长，至果期显著伸长；苞片线状披针形，长2～5mm，背面被白色柔毛；花梗长3～4mm，连同花序轴稍密被棕色或黑色柔毛；小苞片2；花萼钟状，长5～7mm，外面被白色或黑色柔毛，有时萼筒近于无毛，仅萼齿有毛，萼齿短，三角形至钻形，长仅为萼筒的1/5～1/4；花冠黄色或淡黄色，旗瓣倒卵形，长12～20mm，顶端微凹，基部具短瓣柄，翼瓣较旗瓣稍短，瓣片长圆形，基部具短耳，瓣柄较瓣片长约1.5倍，龙骨瓣与翼瓣近等长，瓣片半卵形，瓣柄较瓣片稍长；子房有柄，被细柔毛。

果：荚果薄膜质，稍膨胀，半椭圆形，长20～30mm，宽8～12mm，顶端具刺尖，两面被白色或黑色细短柔毛，果颈超出萼外。

种子：3～8粒。

物候期：花期6～8月，果期7～9月。

生境：生于林缘、灌丛或疏林下，亦见于山坡草地或草甸中。

两型豆

学名： *Amphicarpaea edgeworthii* Benth.

俗名：野毛扁豆、山巴豆、三籽两型豆、阴阳豆
科属：豆科两型豆属
濒危等级：无危（LC）
生活型：一年生缠绕草本
茎：纤细，被淡褐色柔毛。
叶：羽状复叶具3小叶；叶柄长2～5.5cm；顶生小叶菱状卵形或扁卵形，长2.5～5.5cm，宽2～5cm，先端钝或急尖，基部圆、宽楔形或平截，两面被白色伏贴柔毛，有3条基出脉，侧生小叶常偏斜。
花：二型，生于茎上部的为正常花，2～7朵排成腋生的总状花序，除花冠外，各部均被淡褐色长柔毛；苞片膜质，卵形或椭圆形，长3～5mm，腋内具花1朵，宿存；花萼筒状，5裂；花冠淡紫或白色，长1～1.7cm，各瓣近等长，旗瓣倒卵形，瓣片基部两侧具耳，翼瓣与龙骨瓣近相等；子房被毛；生于茎下部的为闭锁花，无花瓣，柱头弯曲与花药接触；子房伸入地下结实。
果：二型，生于茎上部的为长圆形或倒卵状长圆形，长2～3.5cm，宽约6mm，被淡褐色毛，有种子2～3粒；生于茎下部的椭圆形或近球形，有种子1粒。
物候期：花、果期8～11月。
生境：生于海拔300～1800m山坡路旁及旷野草地上。

朝鲜槐

学名：*Maackia amurensis* Rupr. & Maxim.

俗名：高丽槐、山槐
科属：豆科马鞍树属
濒危等级：无危（LC）
生活型：落叶乔木
株：高达15m。树皮淡绿褐色，薄片剥裂。
枝：芽稍扁，芽鳞无毛；枝紫褐色，有褐色皮孔。
叶：长16～20cm；小叶7～9（～11），对生或近对生，卵形、倒卵状椭圆形或长卵形，长3.5～6.8（～9.7）cm，先端钝，短渐尖，基部宽楔形或圆，幼时两面密被灰白色毛，后无毛，稀沿中脉基部被毛。
花：总状花序基部3～4分枝集生，具密集的花；花序梗及花梗密被锈褐色柔毛。
果：荚果扁平，长3～7.2cm，宽约1.2cm，腹缝无翅或有宽约仅1mm的窄翅，暗褐色，被疏短毛或近无毛，无果柄。
种子：长椭圆形，长约8mm，褐黄色。
物候期：花期6～7月，果期9～10月。
生境：生于海拔300～900m山坡杂木林内、林缘及溪流附近，喜湿润肥沃土壤。

远志

学名：*Polygala tenuifolia* Willd.

俗名：红籽细草、神砂草、小草根、线儿茶、细草、棘莞

科属：远志科远志属

濒危等级：无危（LC）

生活型：多年生草本

株：高达50cm。

茎：被柔毛。

叶：纸质，线形或线状披针形，长1~3cm，宽0.5~1（~3）mm，先端渐尖，基部楔形，无毛或被极疏微柔毛，近无柄。

花：扁侧状顶生总状花序，长5~7cm，少花；小苞片早落；萼片宿存，无毛，外3枚线状披针形；花瓣紫色，基部合生，侧瓣斜长圆形，基部内侧被柔毛，龙骨瓣稍长，具流苏状附属物；花丝3/4以下合生成鞘，3/4以上中间2枚分离，两侧各3枚合生。

果：球形，径4mm，具窄翅，无缘毛。

种子：密被白色柔毛，种阜2裂下延。

物候期：花果期5~9月。

生境：生于海拔200~2300m草原、山坡草地、灌丛中以及杂木林下。

风箱果

学名：*Physocarpus amurensis* (Maxim.) Maxim.

俗名：托盘幌、阿穆尔风箱果

科属：蔷薇科风箱果属

濒危等级：易危（VU）

生活型：灌木

株：高达3m。

枝：小枝无毛或近无毛；冬芽卵圆形，被柔毛。

叶：三角状卵形至倒卵形，长3.5～5.5cm，先端急尖或渐尖，基部近心形，稀截形，常3裂，稀5裂，有重锯齿，下面微被星状柔毛，沿叶脉较密；叶柄长1.2～2.5cm，微被柔毛或近无毛，托叶线状披针形，有不规则尖锐锯齿，近无毛，早落。

花：花序伞房状，径3～4cm；花梗长1～1.8cm；花序梗与花梗均密被星状柔毛；苞片披针形，微被星状毛，早落；花径0.8～1.3cm；被丝托杯状，外面被星状茸毛；花瓣白色，倒卵形，长约4mm；雄蕊20～30；心皮2～3，被星状毛，花柱顶生。

果：蓇葖果膨大，卵圆形，顶端渐尖，成熟时沿背缝腹缝开裂。

种子：微被星状柔毛；有2～5粒种子。

物候期：花期6月，果期7～8月。

生境：生山沟中，在阔叶林边常丛生。

河北梨

学名：*Pyrus hopeiensis* T. T. Yu

科属：蔷薇科梨属

濒危等级：极危（CR）

生活型：乔木

株：高达8m。

枝：小枝无毛，具稀疏白色皮孔，先端常为硬刺；冬芽长卵圆形或三角状卵形，无毛。

叶：卵形、宽卵形或近圆形，长4～7cm，先端渐尖，基部圆或近心形，具细密尖齿，有短芒，两面无毛，侧脉8～10对；叶柄长2～4.5cm，具稀疏柔毛或无毛。

花：伞形总状花序，具6～8花；花梗长1.2～1.5cm，花序梗和花梗具稀疏柔毛或近无毛；萼片三角状卵形，具齿，外面有稀疏柔毛；花瓣椭圆状倒卵形，基部有短爪，长8mm，白色；雄蕊20，长不及花瓣之半，花柱4，和雄蕊近等长。

果：球形或卵圆形，径1.5～2.5cm，褐色，萼片宿存，外面具多数斑点，4室，稀5室，果心大，果肉白色，石细胞多；果柄长1.5～3cm。

物候期：花期4月，果期8～9月。

生境：山坡丛林边。

美蔷薇

学名： *Rosa bella* Rehder & E. H. Wilson

俗名：油瓶子

科属：蔷薇科蔷薇属

生活型：灌木

枝：小枝散生直立基部稍膨大皮刺，老枝常密被针刺。

叶：小叶7～9，稀5，连叶柄长4～11cm；小叶椭圆形、卵形或长圆形，长1～3cm，有单锯齿，两面无毛或下面沿脉有散生柔毛和腺毛；小叶柄和叶轴无毛或有稀疏柔毛，有散生腺毛和小皮刺，托叶大部贴生于叶柄，离生部分卵形，边缘有腺齿，无毛。

花：单生或2～3集生，径4～5cm；苞片卵状披针形，边缘有腺齿，无毛；花梗长0.5～1cm，与花萼均被腺毛；萼片卵状披针形，全缘，外面有腺毛，短于雄蕊。

果：蔷薇果椭圆状卵圆形，径1～1.5cm，顶端有短颈，熟时猩红色，有腺毛，宿萼直立；果柄长达1.8cm。

物候期：花期5～7月，果期8～10月。

生境：多生灌丛中、山脚下或河沟旁等处，海拔可达1700m。

绣线菊

学名：*Spiraea salicifolia* L.

俗名：马尿溲、空心柳、珍珠梅、柳叶绣线菊

科属：蔷薇科绣线菊属

生活型：直立灌木

株：高达2m。

枝：嫩枝被柔毛，老时脱落；冬芽有数枚褐色外露鳞片，疏被柔毛。

叶：长圆状披针形或披针形，长4～8cm，先端急尖或渐尖，基部楔形，密生锐锯齿或重锯齿，两面无毛；叶柄长1～4mm，无毛。

花：长圆形或金字塔形圆锥花序，长6～13cm，被柔毛；花梗长4～7mm；苞片披针形至线状披针形，全缘或有少数锯齿，微被细短柔毛；花径5～7mm；萼筒钟状，萼片三角形；花瓣卵形，先端钝圆，长与宽2～3mm，粉红色；雄蕊50，长于花瓣约2倍；花盘环形，裂片呈细圆锯齿状；子房有疏柔毛，花柱短于雄蕊。

果：蓇葖果直立，无毛，沿腹缝有柔毛，宿存花柱顶生，倾斜开展，宿存萼片反折。

物候期：花期6～8月，果期8～9月。

生境：生于海拔200～900m河流沿岸、湿草原、空旷地和山沟中。

脱皮榆

学名： *Ulmus lamellosa* C. Wang & S. L. Chang

科属：榆科榆属

濒危等级：易危（VU）

生活型：落叶小乔木

株：高8～12m，胸径15～20cm。

茎：树皮灰色或灰白色，不断地裂成不规则薄片脱落，内（新）皮初为淡黄绿色，后变为灰白色或灰色，不久又翘裂脱落，干皮上有明显的棕黄色皮孔，常数个皮孔排成不规则的纵行。

枝：幼枝密生伸展的腺状毛或柔毛，淡绿色或向阳面带淡紫红色，二、三年生枝淡黄褐色、淡褐色或灰褐色，无毛；小枝上无扁平而对生的木栓翅，仅在萌生枝的基部有时具周围膨大而不规则纵裂的木栓层；冬芽卵圆形或近圆形，芽鳞背面多少被毛，稀外层芽鳞近无毛，边缘有毛。

叶：托叶条状披针形，被毛，早落；叶倒卵形，长5～10cm，宽2.5～5.5cm，先端尾尖或骤凸，基部楔形或圆，稍偏斜，叶面粗糙，密生硬毛或有毛迹，叶背微粗糙，幼时密生短毛，脉腋有簇生毛，中脉近基部与叶柄被伸展的腺状毛或柔毛，边缘兼有单锯齿与重锯齿，叶柄长3～8mm，幼时上面密生短毛。

花：花常自混合芽抽出，春季与叶同时开放。

果：翅果常散生于新枝的近基部，稀2～4个簇生于去年生枝上，圆形至近圆形，两面及边缘有密毛，长2.5～3.5cm，宽2～2.7cm，顶端凹，缺裂先端内曲，柱头喙状，密生短毛，基部近对称或微偏斜，子房柄较短，果核位于翅果的中部；宿存花被钟状，被短毛，花被片6，边缘有长毛，残存的花丝明显伸出花被；果梗长3～4mm，密生伸展的腺状毛与柔毛。

物候期：花期3～6月。

生境：生于海拔100～1600m山谷或山坡杂木林中。

胡桃楸

学名：*Juglans mandshurica* Maxim.

俗名：山核桃、核桃楸、野核桃、华东野核桃、华核桃

科属：胡桃科胡桃属

生活型：乔木

株：高达20m。

茎：树皮灰色。

叶：奇数羽状复叶长40～50cm，小叶15～23枚，椭圆形、长椭圆形、卵状椭圆形或长椭圆状披针形，具细锯齿，上面初疏被短柔毛，后仅中脉被毛，下面被平伏柔毛及星状毛，侧生小叶无柄，先端渐尖，基部平截或心形。

花：雄柔荑花序长9～20cm，花序轴被短柔毛；雄蕊常12，药隔被灰黑色细柔毛；雌穗状花序具4～10花，花序轴被茸毛。

果：果序长10～15cm，俯垂，具5～7果；果球形、卵圆形或椭圆状卵圆形，顶端尖，密被腺毛，长3.5～7.5cm；果核长2.5～5cm，具8纵棱，2条较显著，棱间具不规则皱曲及凹穴，顶端具尖头。

种子：种仁小。

物候期：花期5月，果期8～9月。

生境：多生于土质肥厚、湿润、排水良好的沟谷两旁或山坡的阔叶林中。

麻核桃

学名： *Juglans hopeiensis* Hu

俗名：河北核桃

科属：胡桃科胡桃属

濒危等级：无危（LC）

生活型：乔木

株：高达2.5m。

茎：树皮灰白色，有纵裂。

枝：嫩枝密被短柔毛，后来脱落变近无毛。

叶：奇数羽状复叶长45～80cm，叶柄及叶轴被短柔毛，后来变稀疏，有7～15枚小叶；小叶长椭圆形至卵状椭圆形，长达10～23cm，宽6～9cm，顶端急尖或渐尖，基部歪斜、圆形，上面深绿色，无毛，下面淡绿色，脉上有短柔毛，边缘有不显明的疏锯齿或近于全缘。

花：雄性柔荑花序长达24cm，花序轴有稀疏腺毛；雄花的苞片及小苞片有短柔毛，花药顶端有短柔毛。

果：果序具1～3个果实；果实近球状，长约5cm，径约4cm，被有疏腺毛或近于无毛，顶端有尖头；果核近于球状，顶端具尖头，有8条纵棱脊，其中2条较凸出，其余不甚显著，皱曲；内果皮壁厚，具不规则空隙，隔膜厚，亦具2空隙。

物候期：花期5月，果期8～9月。

生境：多生于土质肥厚、湿润、排水良好的沟谷两旁或山坡的阔叶林中。

野核桃

学名： *Juglans cathayensis* Dode

俗名：山核桃

科属：胡桃科胡桃属

生活型：落叶乔木或小乔木

株：高达12～25m，胸径达1～1.5m。

茎：幼枝灰绿色，被腺毛，髓心薄片状分隔；顶芽裸露，锥形，长约1.5cm，黄褐色，密生毛。

叶：通常长40～50cm，叶柄及叶轴均被毛，具有9～17枚小叶；小叶近对生，无叶柄，硬纸质，卵状矩圆形或长卵形，长8～15cm，宽3～7.5cm，顶端渐尖，基部斜圆形或稍斜心形，边缘有细锯齿，两面均有星状毛，上面稀疏，下面浓密，中脉和侧脉亦有腺毛，侧脉11～17对。

花：雄性柔荑花序生于前一年生枝顶端叶痕腋内，长可达18～25cm，花序轴有疏毛；雄花被腺毛，雄蕊13枚左右，花药黄色，长约1mm，有毛，药隔稍伸出。雌性花序直立，生于当年生枝顶端，花序轴密生棕褐色毛，初时长2.5cm，后来伸长达8～15cm，雌花排列成穗状。雌花密生棕褐色腺毛，子房卵形，长约2mm，花柱短，柱头2深裂。

果：果序常具6～10（～13）个果或因雌花不孕而仅有少数，但轴上有花着生的痕迹；果实卵形或卵圆状，长3～4.5（～6）cm，外果皮密被腺毛，顶端尖，核卵状或阔卵状，顶端尖，内果皮坚硬，有6～8条纵向棱脊，棱脊之间有不规则排列的尖锐的刺状凸起和凹陷，仁小。

物候期：花期4～5月，果期8～10月。

生境：生于海拔800～2000（～2800）m的杂木林中。

虎榛子

学名： *Ostryopsis davidiana* Decne.

科属：桦木科虎榛子属

濒危等级：无危（LC）

生活型：灌木

株：高达3m。

枝：小枝密被柔毛。

叶：卵形或椭圆状卵形，稀宽卵形或宽倒卵形，长2～6.5cm，先端渐尖或尖，基部心形或近圆，下面密被白色柔毛，脉腋具髯毛，被黄褐色树脂腺点，具重锯齿，中部以上浅裂；叶柄长0.3～1.2cm，密被柔毛。

花：雄花序单生；苞片被柔毛；雌花序顶生，为总状或头状；花序梗密被柔毛及稀疏粗毛；苞片管状，长1～1.5cm，密被柔毛。

果：小坚果褐色，卵球形或近球形，长4～6mm，疏被柔毛，具纵肋。

物候期：花期4～5月，果期6～7月。

生境：常见于海拔800～2400m的山坡，也见于杂木林及油松林下。

铁木

学名：*Ostrya japonica* Sarg.

科属：桦木科铁木属

濒危等级：无危（LC）

生活型：乔木

株：高达20m。

枝：幼枝密被柔毛。

叶：卵形或卵状披针形，长3.5～12cm，先端渐尖，基部近圆，微心形或宽楔形，上面疏被毛，下面脉腋具髯毛，具不规则重锯齿，侧脉10～15对；叶柄长1～1.5cm，密被柔毛。

花：雌花序长1.5～2.5cm，花序梗密被柔毛。

果：果苞倒卵状长圆形或椭圆形，长1～2cm，径0.6～1.2cm，膜质，基部被刚毛；小坚果淡褐色，窄卵球形，长6～7mm，有光泽，无毛，具纵肋。

生境：喜光且耐土壤贫瘠，多生长于海拔1000～2800m的山坡林中。

掌叶堇菜

学名： *Viola dactyloides* Roem. & Schult.

科属：堇菜科堇菜属

濒危等级：易危（VU）

生活型：多年生草本

株：高达20cm。

茎：根状茎短，具多条赤褐色根。

叶：基生，掌状5全裂，裂片长圆形、长圆状卵形或宽披针形，花期长3～4cm，宽0.5～1cm，果期稍增大，具短柄，疏生钝齿或具浅刻状齿，有的裂片2～3浅裂至深裂，上面无毛或疏生细毛，下面沿叶脉及边缘毛较多；叶柄长达15cm，托叶干膜质，卵状披针形，约1/2以上与叶柄合生，全缘或疏生流苏状细齿。

花：大，淡紫色；花梗不高于叶，中部以下有2小苞片；萼片长圆形或披针形，基部附属物短，边缘窄膜质；上方花瓣宽倒卵形，具爪，侧瓣长圆状倒卵形，内面基部有长须毛，下瓣倒卵形，连长而粗的距长2～2.3cm；柱头2裂，两侧具窄而直立的缘边，中央部分稍凹，前方具斜生而较粗的短喙，喙端具较粗的柱头孔。

果：蒴果椭圆形，无毛。

物候期：花果期5～8月。

生境：生于山地落叶阔叶林及针阔混交林林下或林缘腐殖质层较厚的土壤上，在灌丛或岩石阴处缝隙中也有生长。

河北柳

学名： *Salix taishanensis* var. *hebeinica* C. F. Fang

科属：杨柳科柳属

濒危等级：无危（LC）

生活型：直立灌木或小乔木

株：高1～3m。

枝：深褐色，光滑或幼时有微柔毛。

芽：红褐色，卵圆形。

叶：近革质，椭圆形或倒卵状椭圆形至宽披针形，长4～8cm，宽1.5～3cm，先端渐尖，基部圆楔形，边缘有波状锯齿，上面绿色，下面苍白色，无毛或微有柔毛，叶柄长5～10mm，淡黄绿色，表面被细柔毛。

花：花序生于有叶的短枝上；雄花序长1.5～2cm，雄蕊2，花丝光滑；雌花序长3～4.5cm，结果时可达6cm，具短总花梗，苞片长圆形至倒卵形，被长缘毛；腺体1，腹生，子房具短柔毛，无柄，花柱明显，长于柱头，2裂。

果：蒴果有短柔毛，罕无毛，长7～10mm。

物候期：花期5月，果期6月。

生境：生于海拔1200～2000m的山坡杨、桦林下，灌丛中或沟底。

梧桐杨

学名： *Populus pseudomaximowiczii* C. Wang & S. L. Tung

科属：杨柳科杨属

生活型：乔木

株：高15m。

茎：树皮灰色，覆白霜。

枝：小枝粗壮，赤褐色或黄赤褐色，无棱，光滑。芽大，圆锥形，长2cm，褐色，有黏质。

叶：萌枝叶宽卵形或卵状椭圆形，长达27cm，宽达22cm，先端突尖，基部心形，边缘有不整齐粗腺齿缘，上面暗绿色，下面苍白色；叶柄圆，长7cm，近无毛；短枝叶阔卵形或卵形，长7~14cm，宽4~11cm，先端突尖或短渐尖，常扭曲，基部浅心形或近圆形，边缘圆锯齿，有缘毛，上面暗绿色，下面苍白色，两面沿网脉有白长毛；叶柄圆，长3~7cm，具疏毛。

花：雄花序长3~5cm，花序轴具毛，苞片褐色，丝裂，无毛。果序长达15cm，轴光滑。

果：蒴果卵圆形，被柔毛，沿缝线较密，3~4瓣裂，近无柄。

物候期：花期4月，果期6月。

生境：多生于海拔1000~1600m山林中。

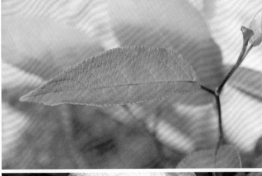

香杨

学名：*Populus koreana* Rehder

俗名：大青杨

科属：杨柳科杨属

濒危等级：无危（LC）

生活型：乔木

株：高达30m，胸径1.5m。

枝：小枝初有黏性树脂，具香气，无毛；芽富黏性，具香气；短枝叶椭圆形、椭圆状长圆形、椭圆状披针形及倒卵状椭圆形，长9～12cm，先端渐尖，基部窄圆或宽楔形，上面暗绿色，有皱纹，下面带白色或稍粉红色；叶柄长1.5～3cm，近顶端有短毛；长枝叶窄卵状椭圆形、椭圆形或倒卵状披针形，长5～15cm，基部多楔形，叶柄长0.4～1cm。

花：雄花序长3.5～5cm；苞片近圆形或肾形，雄蕊10～30，花药暗紫色；雌花序长3.5cm，无毛。

果：蒴果绿色，卵圆形，无柄，无毛，2～4瓣裂。

物候期：花期4月下旬或5月，果期6月。

生境：垂直分布在海拔400～1600m河岸、溪边谷地。

漆

学名： *Toxicodendron vernicifluum* (Stokes) F. A. Barkley

俗名：瞎妮子、楂苜、山漆、干漆、漆树

科属：漆树科漆树属

生活型：落叶乔木

株：高达20m。

茎：树皮灰白色，粗糙，呈不规则纵裂。

枝：小枝粗壮，被棕黄色柔毛，后变无毛，具圆形或心形的大叶痕和突起的皮孔；顶芽大而显著，被棕黄色茸毛。

叶：奇数羽状复叶互生，常螺旋状排列，有小叶4～6对，叶轴圆柱形，被微柔毛；叶柄长7～14cm，被微柔毛，近基部膨大，半圆形，上面平；小叶膜质至薄纸质，卵形或卵状椭圆形或长圆形，长6～13cm，宽3～6cm，先端急尖或渐尖，基部偏斜，圆形或阔楔形，全缘，叶面通常无毛或仅沿中脉疏被微柔毛，叶背沿脉上被平展黄色柔毛，稀近无毛，侧脉10～15对，两面略突；小叶柄长4～7mm，上面具槽，被柔毛。

花：圆锥花序长15～30cm，与叶近等长，被灰黄色微柔毛，序轴及分枝纤细，疏花；花黄绿色，雄花花梗纤细，长1～3mm，雌花花梗短粗；花萼无毛，裂片卵形，长约0.8mm，先端钝；花瓣长圆形，长约2.5mm，宽约1.2mm，具细密的褐色羽状脉纹，先端钝，开花时外卷；雄蕊长约2.5mm，花丝线形，与花药等长或近等长，在雌花中较短，花药长圆形，花盘5浅裂，无毛；子房球形，径约1.5mm，花柱3。

果：果序多少下垂，核果肾形或椭圆形，不偏斜，略压扁，长5～6mm，宽7～8mm，先端锐尖，基部截形，外果皮黄色，无毛，具光泽，成熟后不裂，中果皮蜡质，具树脂道条纹，果核棕色，与果同形，长约3mm，宽约5mm，坚硬。

物候期：花期5～6月，果期7～10月。

生境：生于海拔800～380m向阳山坡林内。

文冠果

学名：*Xanthoceras sorbifolium* Bunge

俗名：文冠树、木瓜、文冠花、崖木瓜、文光果

科属：无患子科文冠果属

生活型：落叶灌木或小乔木

株：高2～5m。

枝：小枝粗壮，褐红色，无毛，顶芽和侧芽有覆瓦状排列的芽鳞。

叶：小叶4～8对，膜质或纸质，披针形或近卵形，两侧稍不对称，长2.5～6cm，宽1.2～2cm，顶端渐尖，基部楔形，边缘有锐利锯齿，顶生小叶通常3深裂，腹面深绿色，无毛或中脉上有疏毛，背面鲜绿色，嫩时被茸毛和成束的星状毛；侧脉纤细，两面略凸起。

花：花序先叶抽出或与叶同时抽出，两性花的花序顶生，雄花序腋生，长12～20cm，直立，总花梗短，基部常有残存芽鳞；花梗长1.2～2cm；苞片长0.5～1cm；萼片长6～7mm，两面被灰色茸毛；花瓣白色，基部紫红色或黄色，有清晰的脉纹，长约2cm，宽7～10mm，爪之两侧有须毛；花盘的角状附属体橙黄色，长4～5mm；雄蕊长约1.5cm，花丝无毛；子房被灰色茸毛。

果：蒴果长达6cm。

种子：长达1.8cm，黑色而有光泽。

物候期：花期春季，果期秋初。

生境：野生于丘陵、山坡等处。

蒙椴

学名：*Tilia mongolica* Maxim.

俗名：小叶椴、白皮椴、米椴
科属：锦葵科椴属
濒危等级：无危（LC）
生活型：乔木
株：高10m。
茎：树皮淡灰色，呈薄片脱落。
枝：幼枝及顶芽无毛。
叶：圆形或卵圆形，长4~6cm，宽3.5~5.5cm，先端常3浅裂，基部心形或斜平截，下面脉腋有毛丛，侧脉4~5对，边缘有粗齿，齿尖突出；叶柄长2~3.5cm。
花：聚伞花序长5~8cm，有6~12花；苞片窄长圆形，长4~6cm，宽0.6~1cm；无毛，两端钝，下半部与花序梗合生，基部有长约1cm的柄；花梗长5~8mm；萼片披针形，长4~5mm；花瓣6~7mm；退化雄蕊花瓣状，较窄小，雄蕊30~40，与萼片等长；子房被毛，花柱无毛。
果：倒卵圆形，长6~8mm，被毛，有不明显棱突。
物候期：花期7月。
生境：生于山沟、山坡或平原。

北香花芥

学名：*Hesperis sibirica* L.

俗名：雾灵香花芥、北香花草

科属：十字花科香花芥属

濒危等级：无危（LC）

生活型：多年生或二年生草本

株：高达1m。

茎：直立，上部分枝。

叶：茎下部叶卵状披针形，长3～7cm，宽5～20mm，顶端急尖或渐尖，基部楔形，边缘有小牙齿；叶柄长1～1.5cm；茎生叶无柄，窄披针形，长1.5～3.5cm，有锯齿至近全缘。

花：总状花序顶生或腋生；花直径约1.5cm，玫瑰红色或紫色；花梗长4～12mm；萼片椭圆形，长5～7mm，外面有长毛；花瓣倒卵形，长15～20mm，具长爪。

果：长角果窄线形，长4～12mm，宽1～2mm，无毛或具腺毛；果梗长8～25mm，具腺毛。

种子：长圆形、圆柱状三角形，棕色。

物候期：花果期6～8月。

生境：山坡灌丛。

二色补血草

学名： *Limonium bicolor* (Bunge) Kuntze

俗名：矾松、二色匙叶草、二色矾松、蝇子架、苍蝇花、苍蝇架、花茎柴、荚膜叶、荚蘑根、情人草

科属：白花丹科补血草属

生活型：多年生草本

株：高达50cm。

根：根皮不裂。

叶：基生，稀花序轴下部具1～3叶，花期不落；叶柄宽，叶匙形或长圆状匙形，连叶柄长3～15cm，宽0.3～3cm，先端圆或钝，基部渐窄。

花：花茎单生或2～5，花序轴及分枝具3～4棱角，有时具沟槽，稀近基部圆；花序圆锥状，不育枝少，位于花序下部或分叉处；穗状花序具3～5（～9）小穗，穗轴二棱形，小穗具2～3（～5）花；外苞长2.5～3.5mm，第一内苞长6～6.5mm；萼漏斗状，长6～7cm，萼筒径约1mm，萼檐淡紫红或白色，径6～7mm，裂片先端圆；花冠黄色。

物候期：花期5～7月，果期6～8月。

生境：生于山坡下部、丘陵和海滨，喜含盐的钙质土上或砂地。

胭脂花

学名：*Primula maximowiczii* Regel

科属：报春花科报春花属

生活型：多年生草本

叶：叶丛基部无鳞片；叶柄具膜质宽翅，通常甚短，有时与叶片近等长；叶倒卵状椭圆形、窄椭圆形或倒披针形，连柄长（3～）5～20（～27）cm，先端钝圆或稍尖，基部渐窄，具角形小牙齿，稀近全缘，侧脉纤细。

花：花葶高20～45（～70)cm，伞形花序1～3轮，每轮6～10（～20）花；花梗长1～3（～4）cm；花萼窄钟状，长0.6～1.1cm，分裂达全长的1/3，裂片角形，具腺状小缘毛；花冠暗朱红色，冠筒长1.1～1.9cm，冠檐径约1.5cm，裂片窄长圆形，宽2.5～3mm，全缘，常反贴冠筒。

果：蒴果稍长于花萼。

物候期：花期5～6月，果期7月。

生境：生长于林下和林缘湿润处，垂直分布上限可达海拔2900m。

岩生报春

学名：*Primula saxatilis* Kom.

科属：报春花科报春花属

濒危等级：易危（VU）

生活型：多年生草本

叶：3～8枚丛生；叶柄长5～9（～15）cm，被柔毛，叶宽卵形或长圆状卵形，长2.5～8cm，先端钝，基部心形，具羽状脉，具缺刻状深齿或羽状浅裂，深达叶片1/5～1/4，裂片具三角形牙齿，两面被柔毛。

花：花葶高10～25cm，被柔毛；伞形花序1～2轮，每轮3～9（～15）花；苞片线形或长圆状披针形，长3～8mm，疏被柔毛；花梗纤细，长1～4cm，被柔毛；花萼无毛，近筒状，长5～6mm，分裂达中部，裂片披针形，具中肋；花冠无毛，淡紫红色，冠筒长1.2～1.3cm，冠檐径1.3～2.5cm，裂片倒卵形，先端深凹缺。

物候期：花期5～6月。

生境：林下和岩石缝中。

狗枣猕猴桃

学名： *Actinidia kolomikta* (Maxim. & Rupr.) Maxim.

俗名：四川猕猴桃、深山木天蓼、狗枣子、海棠猕猴桃
科属：猕猴桃科猕猴桃属
濒危等级：无危（LC）
生活型：大型落叶藤本
枝：小枝紫褐色，直径约3mm，短花枝基本无毛，有较显著的带黄色的皮孔；长花枝幼嫩时顶部薄被短茸毛，有不甚显著的皮孔，隔年枝褐色，直径约5mm，有光泽，皮孔相当显著，稍凸起；髓褐色，片层状。
叶：膜质或薄纸质，阔卵形、长方卵形至长方倒卵形，长6~15cm，宽5~10cm，顶端急尖至短渐尖，基部心形，少数圆形至截形，两侧不对称，边缘有单锯齿或重锯齿，两面近同色，上部往往变为白色，后渐变为紫红色，两面近洁净或沿中脉及侧脉略被一些尘埃状柔毛，腹面散生软弱的小刺毛，背面侧脉腋上髯毛有或无，叶脉不发达，近扁平状，侧脉6~8对；叶柄长2.5~5cm，初时略被少量尘埃状柔毛，后秃净。
花：聚伞花序，雄性的有花3朵，雌性的通常1花单生，花序柄和花柄纤弱，或多或少地被黄褐色微茸毛，花序柄长8~12mm，花柄长4~8mm，苞片小，钻形，不及1mm；花白色或粉红色，芳香，直径15~20mm；萼片5，长方卵形，长4~6mm，两面被有极微弱的短茸毛，边缘有睫状毛；花瓣5片，长方倒卵形，长6~10mm；花丝丝状，长5~6mm，花药黄色，长方箭头状，长约2mm；子房圆柱状，长约3mm，无毛，花柱长3~5mm。
果：柱状长圆形、卵形或球形，有时为扁体长圆形，长达2.5cm，果皮洁净无毛，无斑点，未熟时暗绿色，成熟时淡橘红色，并有深色的纵纹；果熟时花萼脱落。
种子：长约2mm。
物候期：花期5月下旬至7月初，果熟期9~10月。
生境：生于海拔800~2900m开阔地。

松下兰

学名：*Hypopitys monotropa* Crantz

俗名：毛花松下兰

科属：杜鹃花科松下兰属

生活型：草本

株：高8～27cm，全株半透明，肉质。

叶：鳞片状，直立，互生，上部较稀疏，下部较紧密，卵状长圆形或卵状披针形，长1～1.5cm，宽5～7mm，先端钝，近全缘，上部常有不整齐锯齿。

花：总状花序有3～8花；花初下垂，后渐直立；花冠筒状钟形，长1～1.5cm，径5～8mm；苞片卵状长圆形或卵状披针形；萼片长圆状卵形，长0.7～1cm，早落；花瓣4～5，长圆形或倒卵状长圆形，长1.2～1.4cm，先端钝，上部有不整齐锯齿，早落；雄蕊8～10，花丝无毛；子房无毛，中轴胎座，4～5室，花柱直立，长2.5～4（～5）mm。

果：蒴果椭圆状球形，长0.7～1cm，径5～7mm。

物候期：花期6～7（～8）月，果期7～8（～9）月。

生境：生于海拔1550～4000m阔叶林或针叶林下。

秦艽

学名：*Gentiana macrophylla* Pall.

俗名：左拧根

科属：龙胆科龙胆属

生活型：多年生草本

株：高达60cm。

枝：少数丛生。

叶：莲座丛叶卵状椭圆形或窄椭圆形，长6～28cm，叶柄宽，长3～5cm；茎生叶椭圆状披针形或窄椭圆形，长4.5～15cm，无叶柄或柄长达4cm。

花：簇生枝顶或轮状腋生；无梗，萼筒黄绿或带紫色，长（3～）7～9mm，一侧开裂，先端平截或圆，萼齿（1～3）4～5，锥形，长0.5～1mm；花冠筒黄绿色，冠檐蓝或蓝紫色，壶形，长1.8～2cm，裂片卵形或卵圆形，长3～4mm，褶整齐，三角形，长1～1.5mm，平截。

果：蒴果内藏或顶端外露，卵状椭圆形，长1.5～1.7cm。

物候期：花果期7～10月。

生境：生于海拔400～2400m河滩、路旁、水沟边、山坡草地、草甸、林下及林缘。

合掌消

学名： *Vincetoxicum amplexicaule* Siebold & Zucc.

俗名：紫花合掌消

科属：夹竹桃科白前属

生活型：多年生草本

株：高达1m。

茎：无毛，叶对生，倒卵状椭圆形、卵形或卵状长圆形，长4~6（~10）cm，先端骤尖，基部下延抱茎，无毛，侧脉8~10对。

花：聚伞花序伞状，腋外生及顶生；花序梗长0.5~6cm；花梗长约4mm；花萼裂片卵形，长1~1.5mm，内面基部腺体小；花冠黄绿、黄褐或紫色，辐状，花冠筒长约0.5mm，裂片长圆形，长2.5~3.5mm，被微柔毛；副花冠5深裂，裂片扁平，与合蕊冠等长；花药菱形，花粉块长圆形；柱头稍隆起。

果：蓇葖果披针状圆柱形，长5~7（~8）cm，径5~8（~11）mm。

种子：深褐色，长圆状卵形，种毛长约2cm，淡褐色。

物候期：花期5~9月，果期9~12月。

生境：生于海拔100~1000m山坡草地或田边、湿草地及沙滩草丛中。

华北白前

学名： *Vincetoxicum mongolicum* Maxim.

俗名：老鸹头、老瓜头

科属：夹竹桃科白前属

生活型：多年生草本

株：高达50cm。

茎：被单列柔毛或近无毛。

叶：对生或轮生，卵状披针形，长3～10cm，宽0.5～3cm，先端长渐尖，基部楔形，侧脉4～6对，常不明显。

花：聚伞花序伞状，花序梗长约1.2cm；花萼裂片卵状披针形，长1～1.7mm，内面基部具5腺体；花冠紫或深红色，花冠筒长约1mm，裂片卵形，长2～3mm，无毛；副花冠5深裂，裂片肉质，龙骨状，与花药近等长；花粉块卵球形；柱头扁平或稍隆起。

果：蓇葖果双生，长圆状披针形，长6.5～7cm，径0.5～1cm，常具2～4纵脊。

种子：扁长圆形，长约5mm，种毛长约2cm。

物候期：花期5～8月，果期6～11月。

生境：以山岭旷野为多，垂直分布可达海拔2000m左右。

巧玲花

学名： *Syringa pubescens* Turcz.

科属：木樨科丁香属

生活型：灌木

枝：小枝四棱形，无毛，疏生皮孔。

叶：卵形，长1.5～8cm，先端锐尖、渐尖或钝，基部宽楔形或圆，叶缘具睫毛，上面无毛，下面被短柔毛或无毛，常沿叶脉或叶脉基部被长柔毛；叶柄长0.5～2cm，细弱。

花：圆锥花序直立，由侧芽抽生；花序轴、花梗、花萼略带紫红色，无毛，稀被短柔毛或微柔毛；花序轴四棱形；花萼长1.5～2mm，平截或具齿；花冠紫或淡紫色，后近白色，花冠筒近圆柱形，长0.7～1.7cm，裂开开展或反折，长2～5mm；花药紫色，内藏，距喉部1～3mm。

果：长椭圆形，长0.7～2cm，先端锐尖或具小尖头，或渐尖，皮孔明显。

物候期：花期5～6月，果期6～8月。

生境：生于海拔900～2100m山坡、山谷灌丛中或河边沟旁。

连翘

学名：*Forsythia suspensa* (Thunb.) Vahl

俗名：毛连翘

科属：木樨科连翘属

濒危等级：无危（LC）

生活型：落叶灌木

枝：开展或下垂，棕色、棕褐色或淡黄褐色，小枝土黄或灰褐色，略呈四棱形，疏生皮孔，节间中空，节部具实心髓。

叶：通常为单叶，或3裂至三出复叶，叶片卵形、宽卵形或椭圆状卵形至椭圆形，长2~10cm，宽1.5~5cm，先端锐尖，基部圆形、宽楔形至楔形，叶缘除基部外具锐锯齿或粗锯齿，上面深绿色，下面淡黄绿色，两面无毛；叶柄长0.8~1.5cm，无毛。

花：通常单生或2至数朵着生于叶腋，先于叶开放；花梗长5~6mm；花萼绿色，裂片长圆形或长圆状椭圆形，长（5~）6~7mm，先端钝或锐尖，边缘具睫毛，与花冠管近等长；花冠黄色，裂片倒卵状长圆形或长圆形，长1.2~2cm，宽6~10mm；在雌蕊长5~7mm花中，雄蕊长3~5mm，在雄蕊长6~7mm的花中，雌蕊长约3mm。

果：卵球形、卵状椭圆形或长椭圆形，长1.2~2.5cm，宽0.6~1.2cm，先端喙状渐尖，表面疏生皮孔；果梗长0.7~1.5cm。

物候期：花期3~4月，果期7~9月。

生境：生于海拔1300~1900m山谷阳处或丛林中。

流苏树

学名： *Chionanthus retusus* Lindl. & Paxton

俗名：流苏

科属：木樨科流苏树属

濒危等级：无危（LC）

生活型：落叶灌木或乔木

枝：幼枝淡黄色或褐色，被柔毛。

叶：革质或薄革质，长圆形、椭圆形或圆形，长3～12cm，先端圆钝，有时凹下或尖，基部圆或宽楔形，全缘或有小齿，幼时上面沿脉被长柔毛，下面被长柔毛，叶缘具睫毛，老时仅沿脉具长柔毛；叶柄长0.5～2cm，密被黄色卷曲柔毛。

花：聚伞状圆锥花序顶生，近无毛，苞片线形，长0.2～1cm，被柔毛；花单性或两性，雌雄异株；花梗长0.5～2cm，纤细，无毛；花萼长1～3mm，4深裂，裂片长0.5～2.5mm；花冠白色，4深裂，裂片线状倒披针形，长1.5～2.5cm，宽0.5～3.5mm，花冠筒长1.5～4mm；雄蕊内藏或稍伸出。

果：椭圆形，被白粉，长1～1.5cm，蓝黑色。

物候期：花期3～6月，果期6～11月。

生境：生于海拔3000m以下的稀疏混交林中、灌丛中或山坡、河边。

长柄车前

学名： *Plantago hostifolia* Nakai ct Kitag

俗名：车轱辘菜

科属：车前科车前属

生活型：多年生草本

根：须根多数。

叶：基生叶近直立，狭卵形或卵形，长18cm，宽8.5cm，基部楔形或圆形，全缘或基部有疏钝齿或弯缺，叶柄无毛，紫色或红色，长达27.5cm。

花：花莛数个，比叶长，基部有疏柔毛，穗状花序长19.5～21.5cm，下部穗疏；苞片卵形或狭卵状三角形，脊面有龙骨状突起；花萼裂片4，等长，椭圆形或卵形，无毛；花冠裂片卵形或三角形，有龙骨状突起，无毛。

果：蒴果褐色，无毛。

种子：黑色。

物候期：花期6～7月，果期7～9月。

生境：生于海拔3200m以下草地、沟边、河岸湿地、田边、路旁或村边空旷处。

口外糙苏

学名：*Phlomoides jeholensis* (Nakai & Kitag.) Kamelin & Makhm.

科属：唇形科糙苏属

生活型：多年生草本

茎：高75cm，四棱形，具浅槽，被平展具节刚毛，上部多分枝。

叶：茎叶卵形，长2～12cm，宽1.2～7.5cm，先端渐尖或急尖，基部浅心形至圆形，边缘为具胼胝质的粗齿状锯齿；苞叶卵形至卵状披针形，长2.1～13cm，宽1～8cm；叶片上面橄榄绿色，疏被具节或单节短刚毛，下面较淡，被疏柔毛；茎叶叶柄长0.3～4cm，腹凹背凸，被平展具节刚毛；苞叶叶柄近无。

花：轮伞花序6～16花，多数，生于主茎及分枝上；苞片线状钻形，坚硬，长9～15mm，与萼近等长，背部具肋，密被平展具节刚毛；花萼管状，长约11mm，宽约6mm，外面沿脉上疏被平展具节刚毛，其余部分近无毛，齿端具长约1.5mm的坚硬小刺尖，齿间形成端具丛毛的宽三角形2小齿。

果：小坚果无毛。

物候期：花期8～9月。

生境：生于山坡或水边。

黄芩

学名：*Scutellaria baicalensis* Georgi

俗名：香水水草、黄筋子

科属：唇形科黄芩属

生活型：多年生草本

株：高达1.2m。

茎：分枝，近无毛，或被向上至开展微柔毛；根茎肉质，径达2cm，分枝。

叶：披针形或线状披针形，长1.5～4.5cm，先端钝，基部圆，全缘，两面无毛或疏被微柔毛，下面密被凹腺点；叶柄长约2mm，被微柔毛。

花：总状花序长7～15cm；下部苞叶叶状，上部卵状披针形或披针形；花梗长约3mm，被微柔毛；花萼长4mm，密被微柔毛，具缘毛，盾片高1.5mm；花冠紫红或蓝色，密被腺柔毛，冠筒近基部膝曲，喉部径达6mm，下唇中裂片三角状卵形。

果：小坚果黑褐色，卵球形，长1.5mm，被瘤点，腹面近基部具脐状突起。

物候期：花期7～8月，果期8～9月。

生境：生于海拔60～2000m向阳草坡地、休荒地上。

丹参

学名：*Salvia miltiorrhiza* Bunge

俗名：大叶活血丹、血参、赤丹参、紫丹参、活血根、红根红参、红根、阴行草、五风花、紫参、夏丹参、红丹参、红根赤参、赤参、紫丹胡、壬参、大红袍、烧酒壶根、野苏子根、血参根、奔马草、木羊乳、郁蝉草、山参、逐乌、蛤蟆皮

科属：唇形科鼠尾草属

生活型：多年生草本

株：高达80cm。

根：主根肉质，深红色。

茎：多分枝，密被长柔毛。

叶：奇数羽状复叶，小叶3～5（～7），卵形、椭圆状卵形或宽披针形，长1.5～8cm，先端尖或渐尖，基部圆或偏斜，具圆齿，两面被柔毛；叶柄长1.3～7.5cm，密被倒向长柔毛，小叶柄长0.2～1.4cm。

花：轮伞花序具6至多花，组成长4.5～17cm总状花序，密被长柔毛或腺长柔毛苞片披针形；花梗长3～4mm；花萼钟形，带紫色，长约1.1cm，疏被长柔毛及腺长柔毛，具缘毛，内面中部密被白色长硬毛，上唇三角形，具3短尖头，下唇具2齿；花冠紫蓝色，长2～2.7cm，被腺短柔毛，冠筒内具不完全柔毛环，基部径2mm，喉部径达8mm，上唇长1.2～1.5cm，镰形，下唇中裂片宽达1cm，先端2裂，裂片顶端具不整齐尖齿，侧裂片圆形；花丝长3.5～4mm，药隔长1.7～2cm；花柱伸出。

果：小坚果椭圆形，长约3.2mm。

物候期：花期4～8月，果期9～11月。

生境：生于海拔120～1300m山坡、林下草丛或溪谷旁。

党参

学名：*Codonopsis pilosula* (Franch.) Nannf.

俗名：缠绕党参、素花党参

科属：桔梗科党参属

生活型：多年生草质藤本

根：常肥大呈纺锤状或纺锤状圆柱形，较少分枝或中下部稍有分枝，长15～30cm，表面灰黄色，上端5～10cm部分有细密环纹，而下部则疏生横长皮孔，肉质。

茎：缠绕，长1～2m，有多数分枝，侧枝15～50cm，小枝1～5cm，具叶，不育或先端着花，无毛。

叶：在主茎及侧枝上的互生，在小枝上的近对生，卵形或窄卵形，长1～6.5cm，宽0.8～5cm，端钝或微尖，基部近心形，边缘具波状钝锯齿，分枝上叶渐趋狭窄，基部圆或楔形，上面绿色，下面灰绿色，两面疏或密地被贴伏长硬毛或柔毛，稀无毛；叶柄长0.5～2.5cm，有疏短刺毛。

花：单生枝端，与叶柄互生或近对生，有梗；花萼贴生至子房中部，萼筒半球状，裂片宽披针形或窄长圆形，长1.4～1.8cm，微波状或近全缘；花冠上位，宽钟状，长2～2.3cm，径1.8～2.5cm，黄绿色，内面有明显紫斑，浅裂，裂片正三角形，全缘；花丝基部微扩大；柱头有白色刺毛。

果：蒴果下部半球状，上部短圆锥状。

种子：卵圆形，无翼。

物候期：花果期7～10月。

生境：生于海拔1560～3100m的山地林边及灌丛中。

羊乳

学名： *Codonopsis lanceolata* (Siebold & Zucc.) Trautv.

俗名：轮叶党参、羊奶参、四叶参、山海螺

科属：桔梗科党参属

濒危等级：无危（LC）

生活型：多年生草本

株：全体光滑无毛，稀茎叶疏生柔毛。

茎：茎基近圆锥状或圆柱状，根常肥大呈纺锤状，长10～20cm，表面灰黄色，近上部有稀疏环纹，而下部则疏生横长孔；茎缠绕，长约1m，常有多数短细分枝，黄绿而微带紫色。

叶：在主茎上的互生，披针形或菱状窄卵形，长0.8～1.4cm；在小枝顶端的通常2～4叶簇生，几近对生或轮生状，菱状卵形、窄卵形或椭圆形，长3～10cm，先端尖或钝，基部渐窄，通常全缘或有疏波状锯齿，叶柄长1～5mm。

花：单生或对生于小枝顶端；花梗长1～9cm；花萼贴生至子房中部，萼筒半球状，裂片卵状三角形，长1.3～3cm，全缘；花冠宽钟状，长2～4cm，径2～3.5cm，浅裂，裂片三角状，反卷，长0.5～1cm，黄绿或乳白色内有紫色斑；花丝钻状，基部微扩大；花盘肉质；子房下位。

果：蒴果下部半球状，上部有喙，径2～2.5cm。

种子：多数，卵圆形，有翼。

物候期：花果期7～8月。

生境：生于山地灌木林下、沟边阴湿地区或阔叶林内。

雾灵沙参

学名：*Adenophora wulingshanica* D. Y. Hong

科属：桔梗科沙参属

濒危等级：近危（NT）

生活型：多年生草本

茎：单生或两条发自一条根上，不分枝，高50～120cm，无毛或仅有极稀少的硬毛。

叶：3～4枚轮生，或有时稍错开，有短柄，叶片常卵形、椭圆形或椭圆状条形，长5～13cm，宽0.4～4.5cm，边缘具规则或不规则锯齿或牙齿，无毛或两面脉上疏生硬毛。

花：花序常有分枝，组成圆锥花序，花序分枝有时近于轮生；花梗短，一般长不足1cm；花萼无毛，筒部狭长，椭圆状或倒卵状圆锥形，裂片丝状钻形，长5～10mm，宽不足1mm，边缘有1～2对小齿；花冠管状钟形，蓝色或紫蓝色，长18～25mm，裂片卵状三角形，长约6mm；花盘短筒状，上部常较细，长0.8～1.5mm，无毛；花柱稍稍短于花冠。

果：蒴果矩圆状，长10mm，直径4～5mm。

种子：橙黄色，椭圆状，有一条宽棱，长1.5mm。

物候期：花期8～9月。

生境：生于石灰岩山沟灌丛或草地中，少数生路边林下。

苍术

学名：*Atractylodes lancea* (Thunb.) DC.

俗名：赤术、术、茅术、南苍术、仙术、关苍术

科属：菊科苍术属

生活型：多年生草本

株：高30～50cm。

茎：根状茎肥大呈长块状，外面黑褐色，内面白色。

叶：互生，革质，无毛；下部叶与中部叶倒卵形、长卵形或椭圆形，长3～7cm，宽1.5～4cm，不分裂或大头羽状3～5（7～9）浅裂或深裂，先端钝圆或稍尖，基部楔形至圆形，侧裂片卵形、倒卵形或椭圆形，边缘有具硬刺齿，中部叶无柄，基部略抱茎；上部叶变小，披针形，不分裂或羽状分裂，叶缘具硬刺状齿。

花：头状花序单生，直径约1cm，长约1.5cm，外围1列叶状苞片，苞片羽状深裂，裂片刺状，总苞杯状，总苞片6～8层，先端尖，被微毛，外层长卵形，内层长圆状披针形，全为白色管状花，长约1cm。

果：瘦果圆柱形，长约5mm，被白色长柔毛；冠毛淡褐色，长6～7mm。

物候期：花果期7～10月。

生境：野生于山坡草地、林下、灌丛及岩石缝隙中。

小花风毛菊

学名：*Saussurea parviflora* (Poir.) DC.

俗名：燕儿尾、雾灵风毛菊
科属：菊科风毛菊属
濒危等级：无危（LC）
生活型：多年生草本
株：高42cm。
茎：有窄翼，疏被柔毛或无毛，无腺点。
叶：下部茎生叶椭圆形，长8～30cm，边缘有锯齿，基部沿茎下延成窄翼，翼柄长0.5～2cm；中部叶披针形或椭圆状披针形，长12～15cm，宽2～3.5cm；上部叶披针形或线状披针形，无柄；叶上面被微毛，下面灰绿色，被微毛。
花：头状花序排成伞房状；总苞钟状，径5～6mm，总苞片5层，先端或全部暗黑色，无毛或有睫毛，外层卵形或卵圆形，长2mm，中层长椭圆形，长1.1cm，内层长圆形或线状长椭圆形，长1.1cm；小花紫色。
果：瘦果长3mm；冠毛白色，2层。
物候期：花果期7～9月。
生境：生于海拔1600～3500m山坡阴湿处、山谷灌丛中、林下或石缝中。

蚂蚱腿子

学名：*Pertya dioica* (Bunge) S. E. Freire

科属：菊科帚菊属

生活型：落叶小灌木

枝：多而直，被柔毛。

叶：互生，短枝叶椭圆形或近长圆形，长枝叶宽披针形或卵状披针形，长2～6cm，先端短尖或渐尖，基部圆或长楔形，全缘，幼时两面被长柔毛，老时脱毛，中脉1，在两面凸起，网脉密显而凸起，叶柄长3～5mm，被柔毛，短枝叶无明显叶柄。

花：头状花序4～9花，同性，雌花和两性花（子房不育）异株，无梗，单生于短侧枝之顶，先叶开花；总苞钟形或近圆筒状，总苞片5，覆瓦状排列，大小近相等；花托小，无毛；雌花花冠具舌片；两性花花冠管状二唇形，檐部5裂，裂片极不等长；花药基部箭形，具渐尖尾部；两性花的花柱长，顶端极钝或平截，不分枝，雌花花柱分枝通常外卷，顶端尖。

果：瘦果纺锤形，密被白色长毛；雌花的冠毛多层，粗糙，浅白色；两性花的冠毛2～4，白色。

物候期：花期5月。

生境：生于海拔400m的山坡或林缘路旁。

窄叶蓝盆花

学名：*Scabiosa comosa* Fisch.ex Roem. & Schult.

俗名：细叶山萝卜、山萝卜、华北蓝盆花、大花蓝盆花、毛叶蓝盆花、蓝盆花

科属：忍冬科蓝盆花属

濒危等级：无危（LC）

生活型：多年生草本

株：高达80cm。

茎：具棱，被贴伏白色短柔毛，茎基部和花序下毛密。

叶：基生叶成丛，窄椭圆形，长6～10cm，羽状全裂，稀齿裂，裂片线形；叶柄长3～6cm，花时常枯萎；茎生叶对生，长圆形，长8～15cm，一至二回窄羽状全裂，裂片线形，两面光滑或疏生白色短伏毛，基部抱茎，柄长1～1.2cm或无柄。

花：头状花序单生或3出，径3～3.5cm，半球形，果时球形；总花梗长10～25cm，近顶端密生卷曲白色短纤毛；总苞苞片6～10，披针形，长1～1.2cm，光滑或疏生柔毛；小总苞倒圆锥形，方柱状，淡黄白色，不连冠部长2.5～3mm，具8纵棱，中棱较细弱，密生白色长柔毛，顶端具8凹穴，1～2明显，冠部干膜质，长约1.2mm，带紫或污白色，具18～20脉，边缘齿状，脉密生白色柔毛；花萼裂片细长针状，长2.5～3mm，棕黄色，疏生短毛；花冠蓝紫色，密生柔毛，中央花冠筒状，长4～6mm，5裂，边缘花二唇形，长达2cm。

果：瘦果长圆形，长约3mm，具5棕色脉，萼刺宿存。

物候期：花期7～8月，果期9月。

生境：生于海拔500～1600m干燥砂质地、沙丘、干山坡及草原上。

刺楸

学名：*Kalopanax septemlobus* (Thunb.) Koidz.

俗名：辣枫树、茨楸、云楸、刺桐、鼓钉刺

科属：五加科刺楸属

生活型：落叶乔木

株：高达30m，胸径1m。

茎：树皮灰黑色，纵裂，树干及枝上具鼓钉状扁刺。

枝：幼枝被白粉。

叶：单叶，在长枝上互生，在短枝上簇生，近圆形，径9～25cm，(3～)5～7掌状浅裂，裂片阔三角状卵形或长圆状卵形，先端渐尖，基部心形或圆，具细齿，掌状脉5～7；叶柄细，长8～30(～50) cm，无托叶。

花：花梗长约5mm，疏被柔毛，无关节；花白或淡黄色；萼筒具5齿；花瓣5，镊合状排列；雄蕊5，花丝较花瓣长约2倍；子房2室，花柱2，连成柱状，顶端离生。

果：近球形，径约4mm，蓝黑色，宿存花柱顶端2裂。

种子：扁平，胚乳均匀。

物候期：花期7～10月，果期9～12月。

生境：多生于森林、灌木林和林缘，水湿丰富、腐殖质较多的密林，向阳山坡，甚至岩质山地也能生长，垂直分布海拔自数十米至千余米。

刺五加

学名：*Eleutherococcus senticosus* (Rupr. & Maxim.) Maxim.

俗名：刺拐棒、老虎潦、一百针、坎拐棒子、短蕊刺五加

科属：五加科五加属

濒危等级：无危（LC）

生活型：灌木

株：高1～6m。

枝：小枝密被下弯针刺，萌条和幼枝更明显。

叶：小叶（3～）5枚，薄纸质，椭圆状倒卵形或长圆形，长5～13cm，先端短渐尖，上面脉被粗毛，下面脉被柔毛，具锐尖复锯齿，侧脉6～7对；叶柄长3～12cm，有时被细刺，小叶柄长0.5～2cm。

花：伞形花序单生或2～6个，直径2～4cm；花紫黄色，子房5室，花柱合生成柱状。

果：卵状球形，长约8mm，具5棱；宿存花柱长约1.5mm。

物候期：花期6～7月，果期8～10月。

生境：生于森林或灌丛中。

红毛五加

学名：*Eleutherococcus giraldii* (Harms) Nakai

俗名：纪氏五加、云南五加、毛梗红毛五加

科属：五加科五加属

生活型：灌木

株：高1～2.5m；枝上密生下向刺；刺直，粗短，基部略膨大。

枝：小枝密被向下针刺，稀无刺。

叶：小叶（3～）5枚，倒卵状长圆形，稀卵形，长2.5～8cm，基部楔形，具不整齐复锯齿，上面无毛或疏被刚毛，下面被柔毛，侧脉约5对；叶柄长3～7cm，小叶近无柄。

花：伞形花序单生枝顶，径1.5～3.5cm，花序梗长0.5～1（～2）cm；花梗长0.5～1.5cm，无毛或幼时被柔毛；花白色；萼筒近全缘，无毛；子房5室，花柱5，基部连合，顶端离生。

果：果球形，径约8mm，具5棱，黑色。

物候期：花期6～7月，果期9～10月。

生境：生于海拔2300～3500m灌木林中。

无梗五加

学名：*Eleutherococcus sessiliflorus* (Rupr. & Maxim.) S. Y. Hu

俗名：短梗五加、乌鸦子、小果无梗五加

科属：五加科五加属

濒危等级：无危（LC）

生活型：落叶灌木或小乔木

株：高2～5m；小枝无刺或疏被粗壮刺，刺直或弯曲。

枝：小枝无刺或疏被短刺。

叶：小叶3～5，倒卵形，长8～18cm，宽3～7cm，两面近无毛；小叶柄长0.2～1cm。

花：头状花序5～6组成圆锥状，花序梗长0.5～3cm，密被柔毛；花无梗；萼筒密被白色茸毛，具5小齿；花瓣紫色，初被柔毛；子房2室，花柱连合，顶端离生。

果：倒卵状球形，长1～1.5cm，熟时黑色，宿存花柱长达3mm。

物候期：花期8～9月，果期9～10月。

生境：森林或灌丛中。

黑柴胡

学名： *Bupleurum smithii* H.Wolff

科属：伞形科柴胡属
生活型：多年生草本
株：高25~60cm。
根：黑褐色，质松，多分枝。
茎：数茎直立或斜升，粗壮，有显著的纵槽纹，上部有时有少数短分枝。
叶：叶多，质较厚，基部叶丛生，狭长圆形或长圆状披针形或倒披针形，长10~20cm，宽1~2cm，顶端钝或急尖，有小突尖，基部渐狭成叶柄，叶柄宽狭变化很大，长短也不一致，叶基带紫红色，扩大抱茎，叶脉7~9，叶缘白色，膜质；中部的茎生叶狭长圆形或倒披针形，下部较窄成短柄或无柄，顶端短渐尖，基部抱茎，叶脉11~15；序托叶长卵形，长1.5~7.5cm，最宽处10~17mm，基部扩大，有时有耳，顶端长渐尖，叶脉21~31。
花：复伞形花序。总苞片1~2或无；伞辐4~9，挺直，不等长，长0.5~4cm，有明显的棱；小总苞片6~9，卵形至阔卵形，很少披针形，顶端有小短尖头，长6~10mm，宽3~5mm，5~7脉，黄绿色，长过小伞形花序0.5~1倍。小伞花序直径1~2cm，花柄长1.5~2.5mm；花瓣黄色，有时背面带淡紫红色；花柱基干燥时紫褐色。
果：果棕色，卵形，长3.5~4mm，宽2~2.5mm，棱薄，狭翼状；每棱槽内油管3，合生面3~4。
物候期：花期7~8月，果期8~9月。
生境：生于海拔1400~3400m的山坡草地、山谷、山顶阴处。

雾灵柴胡

学名： *Bupleurum sibiricum* var. *jeholense* (Nakai) Y. C. Chu ex R. H. Shan & Yin Li

科属：伞形科柴胡属

濒危等级：濒危（EN）

生活型：多年生草本

株：高30～70cm。

茎：上部稍有分枝，基部常带紫红色，常有残存旧叶纤维。

叶：基生叶多数，卵状披针形或披针形，长12～20cm，宽达1.5cm，7～9脉，先端渐尖，中部以下渐狭，呈长而宽的叶柄，柄长5～10cm；茎下部叶叶柄短而宽；中部叶披针形或宽披针形，长6～12cm，宽1～2cm，基部叶脉9～15条，基部圆楔形，半抱茎，无叶耳；上部叶变小并简化。

花：复伞形花序少数，直径4～6cm；总苞1～2，不等长，常早落；伞辐5～13，不等长，长1.5～3cm；小总苞片5，黄绿色，披针形或卵状披针形，7脉，长5～7mm，宽2～3mm，长于花和果实；小伞形花序直径8～16mm，有花10～22朵，花梗长2～3mm；花瓣鲜黄色；花柱基深黄色，宽于子房。

果：成熟时暗褐色，微有白霜，广卵状椭圆形，长3～4mm，果棱狭翅状，每棱槽中有油管3，合生面4～6。

物候期：花期7～8月，果期8～9月。

生境：生于海拔1500～2000m山坡草地、荒地上。

中文名索引

学名索引